你不能不明白的10件事

孙郡锴 / 编著

中国华侨出版社

图书在版编目（CIP）数据

你不能不明白的10件事/孙郡锴编著. —北京：中国华侨出版社，2010.12
　ISBN 978-7-5113-0925-9

Ⅰ.①你… Ⅱ.①孙… Ⅲ.①语言艺术—通俗读物
Ⅳ.①H019-49

中国版本图书馆CIP数据核字（2010）第232129号

●你不能不明白的10件事

编　著	/孙郡锴
责任编辑	/李　晨
经　销	/新华书店
开　本	/710×1000毫米　1/16　印张15　字数200千字
印　数	/5001-10000
印　刷	/北京一鑫印务有限责任公司
版　次	/2013年5月第2版　2018年3月第2次印刷
书　号	/ISBN 978-7-5113-0925-9
定　价	/29.80元

中国华侨出版社　北京市朝阳区静安里26号通成达大厦3层　邮编100028
法律顾问：陈鹰律师事务所
编辑部：（010）64443056　　64443979
发行部：（010）64443051　　传真：64439708
网　址：www.oveaschin.com
e-mail：oveaschin@sina.com

前言 Preface

很多人总是羡慕别人出人头地,做人中之雄的风光,抱怨命运太不公正,感叹自己的人生路上有太多坎坷。其实每个人都可以主宰命运,过自己想要的生活,只不过生活中的很多事情你都没弄清楚,而这些事情是你早就该知道的。

世界上的大多数人,都在过着简单而平凡的生活,他们没有太高的官职可以炫耀,没有太多的钱可以挥霍,可是他们过得依旧很快乐。因为他们知道自己只是一个小人物,所以从不自找烦恼,奢望为自己加上成功者的光环或是别的什么荣耀,小人物并不可耻,他们也有自己的快乐和幸福。某种程度上,他们比一些成功者更清醒,比如,他们懂得享受真正的生活,他们珍惜亲情、健康,热爱阳光、鲜花、清泉……升官发财从来不是他们生活的主要内容。

有些人贪图不劳而获,总惦记着"免费的午餐",结果别人只要用一点蝇头小利,就把这些聪明人变成了傻子,要知道天上永远不会掉馅饼,要富足、要幸福,都得靠自己努力去争取。

还有很多人都在人际交往方面存在问题。一些人太过天真,他们相信"朋友如手足",相信"以心交心",可是却忽略了人性中自私的一面，结果受到了意料外的伤害，社会上被朋友坑骗，被熟人"杀熟"的例子还少吗？一些人太过势利，他们对衣光颈靓的人高看一眼，对普普通通的人就小瞧几分；看自己是聪明过人，别人个个好蒙好骗……但是这些人也常常看走眼，结果不是错失良机就是自讨没趣；还有一些人太过迂腐，他们总希望找个贵人帮自己，但和贵人面对面时却又相见不相识。因为他们认定贵人必是慈祥的长者，可亲的领导……然而贵人未必是好人，结果，由于他们的迂腐，失去了很多飞黄腾达的机会。

爱情是生活中永远不褪色的主题，但它也如瓷器一样，极易破碎，需要你细心地擦拭、呵护。很多人在婚前山盟海誓，爱得死去活来，但婚后却终日吵吵闹闹，甚至不惜背叛爱人。你早该知道婚姻是一种责任、一种生活方式的选择。结婚之前，你的两眼要睁得大大的，确定你所选择的是自己最爱的人；结婚之后，眼睛不妨半闭起来，婚姻需要双方的认同和投入，更需要彼此的谅解和宽容。

只有理顺了思路，人生路上才能走得顺畅，希望读者能借鉴这本书驾驶着属于你的人生之舟，去创造幸福、美好的人生！

目录
Contents

第一章 你不能不明白：
不应该小瞧任何人

有的人你看到了他的今天,但却无法预料他的明天;有的人看起来不起眼,但却可能是深藏不露的高人;有的人只是没权没势的小人物,但有时却能起到关键性的作用……所以不要小瞧任何人,每个人都有他的独特之处、聪明之处,小瞧别人说不定什么时候你就会吃大亏,如果你能够做到待人谦和、敬人如师,那你的人生路上就会少几分阻力,多几分顺畅。

1. 小人物不能小看 ………………………………………… 2
2. 你未必比人强 …………………………………………… 5
3. 人不可貌相 ……………………………………………… 8
4. 任何人都不是傻瓜 ……………………………………… 10

5. 总有一条适合他的路 …………………………………… 12
6. 别总想着占人便宜 …………………………………… 15
7. 雪中送炭者必有厚报 …………………………………… 18

第二章 你不能不明白：
自己本来就是个小人物

　　现实中总有那么多的不如意，梦想中辉煌的人生遥遥无期，成功者头上的光环让你感觉到刺眼和嫉妒。奋斗数年，却发现自己依然是一个无足轻重的小人物。那么，何妨在内心深处向自己大胆地承认：我本来就是个小人物，我要享受属于小人物的所有快乐。

1. 烦恼都是自找的 …………………………………… 22
2. 平凡才是人生真境界 …………………………………… 24
3. 做人要有自知之明 …………………………………… 26
4. 地位再低也不要自暴自弃 …………………………………… 30
5. 学会欣赏自己的美好 …………………………………… 32
6. 缺憾也是一种美 …………………………………… 34
7. 珍惜自己已得到的幸福 …………………………………… 37

第三章 你不能不明白：
每个人都有自私的一面

很多人都相信,"朋友如手足","出门靠朋友"……但是我们也应该明白,每个人包括我们自己都有自私的一面,事过境迁、爽信食言者比比皆是,忘恩负义以怨报德者又算什么稀罕。吃喝一家的是朋友,趣味相投的是知己,亲密无间的是知音,合作共谋的是莫逆。平日里大家把酒言欢,但一旦触动了个别人的根本利益,个别人也会给你来个"翻脸不认人"。所以不要太相信别人,多一点防人之心总是不会错的。

1. 未可全抛一片心 …………………………………… 42
2. 人性里悲哀的一面 ………………………………… 44
3. 靠朋友别靠到了冰山上 …………………………… 47
4. 小心嫉妒的冷箭 …………………………………… 50
5. 长舌人会咬人 ……………………………………… 52
6. 笑脸背后可能藏着一把刀 ………………………… 55
7. 朋友"宰"你也没商量 …………………………… 59

第四章　你不能不明白：
不是什么人都按牌理出牌

在复杂的现实生活中，做人做事不能总按着自己的老思路走，因为不是所有的人都会按照牌理出牌，如果你一味老实认真，有时不但得不到好报，甚至还会吃大亏。所以你必须学会根据各种客观情况制订策略，因事而变，不要死守一法。

1. 要学处世先学会忍 ………………………………………… 64
2. 不要总指望别人感恩 ………………………………………… 67
3. 不"吃掉"别人就会被别人"吃掉" ………………………… 69
4. 谁也不会踢一只死狗 ………………………………………… 72
5. 别掉进赞美的陷阱 …………………………………………… 74
6. 感谢踢你一脚的那个人 ……………………………………… 77
7. 迁就别人要有个底线 ………………………………………… 80

第五章　你不能不明白：
天上不会掉馅饼

生活中，很多人内心深处都藏着一种不劳而获的渴望，希望彩票中奖，希望突然升迁……然而世界上是不会有这种天上掉馅饼的美事的。如果哪一天真掉下来个"馅饼"，那里面也可能包着毒药。所

目录 CONTENTS

以无论你希望自己的人生是成功的还是幸福的,都要靠自己努力去争取。

1. "馅饼"背后常藏着一个陷阱 ················ 84
2. 别让机会从指缝中溜走 ················ 86
3. 你就是自己的上帝 ················ 89
4. 没有一步登天的梯子 ················ 92
5. 成功始于梦想止于空想 ················ 94
6. 不达目的不罢休 ················ 97
7. 世界上只有一个你 ················ 100

第六章 你不能不明白:
名利并不是生活的全部

很多人都认为:人生在世,不过名利二字。于是为了金钱,为了权力,他们苦苦钻营、疲于奔命。但这样一来,他们就错过了很多美好的事情:为了金钱患得患失的时候,错过了与家人共享天伦的欢乐;为了权力与人钩心斗角时,没能享受到生活的自在与悠闲。其实名利不过是身外之物,生不带来、死不带去,也不是衡量生命质量的标准。对我们来说,享受生活才是最重要的。

1. 别让自己活得太累 ················ 104
2. 钻进钱眼里你将一无所有 ················ 106
3. 安适的生活比金钱更重要 ················ 110

4. 知足者常乐 …………………………………………… 113

5. 金钱也会"谋杀"幸福 ………………………………… 116

6. 别贪恋身外之物 ……………………………………… 119

7. 欲望越小，人生就越幸福 …………………………… 121

8. 最重要的是自己 ……………………………………… 125

第七章　你不能不明白：
"独木桥"也许胜过"阳关道"

　　做人做事时，我们总是习惯于顺着已成定规的习惯走，说着人云亦云的话，重复着别人做过的事，结果往往很难取得成功，所以我们应该拥有一套独特的做事思路和具有自己特色的做人方法，然后你会发现，比起"阳关道"来，"独木桥"也许更好走。

1. 主动断掉自己的后路 ………………………………… 128

2. 换个思路就是成功 …………………………………… 131

3. 没有所谓的不可能 …………………………………… 133

4. 不用跟人抢着出"风头" ……………………………… 136

5. 何必跟人挤"阳关道" ………………………………… 139

6. 用"鸡肋"做大餐 ……………………………………… 143

7. 不走直路偏绕弯 ……………………………………… 146

8. 思路独特让你受益无穷 ……………………………… 148

第八章　你不能不明白：
没人能卖给你后悔药

　　人们总会不由自主地做一些让自己咬牙切齿的后悔事：我当初为什么学文不学理；调剂工作的时候我为什么不报名；和她分手前为什么不亲口告诉她我爱她……如此种种，不一而足。人们之所以会后悔，就是因为想的太少，面对问题时不够沉着冷静。要知道行动比思维快的结果往往将导致一团混乱，人生没有草稿，不能重新再来一遍，世上没有后悔药，错过的将永远失去。

1. 别让冲动支配你的行动 ………………………………… 152
2. 生活中最好的智慧 ……………………………………… 155
3. 别让错误一再重演 ……………………………………… 157
4. 抓住人生最关键的几步 ………………………………… 160
5. 珍惜身边的幸福 ………………………………………… 162
6. 别让石头砸了自己的脚 ………………………………… 165
7. 千万别锁住你自己 ……………………………………… 168
8. 生活不能承受误会 ……………………………………… 171
9. 收起你的伶牙俐齿 ……………………………………… 174

第九章　你不能不明白：
贵人不一定是好人

　　坎坷人生路上，每个人都盼望能有贵人相助。遇到困难时，贵人会帮你一把，晋升受阻时，贵人会拉你一下……但贵人都是些什么人呢？领导、亲戚、朋友？未必。贵人也可能是素不相识的陌生人，可能是给你带来麻烦的人，甚至可能是对你心怀敌意的人。不要以为贵人一定是"好人"。

1. 爱你的对手 …………………………………… 178
2. 陌生人也可能成为你的贵人 ………………… 181
3. 用"兴趣点"打动难缠的人 …………………… 184
4. 贵人可能是故意折磨你的人 ………………… 186
5. 有的"贵人"也会对你别有企图 ……………… 189
6. 名人也能成为你的贵人 ……………………… 193
7. 找贵人别看走了眼 …………………………… 195

第十章　你不能不明白：
这个人是不是你的最爱

　　人们总是容易因爱伤风，为情感冒，昨天还在发誓"执子之手，与子偕老"，今天就已经"恩情中道绝"了。还有很多人，结了婚以后，

目录 CONTENTS

才发现对方并不适合自己,结果,一场婚姻毁了两个人……其实你早该知道这个人是不是你的最爱。爱情是需要你精心呵护的,不要把它当作一件理所当然的事情。在爱情的路上,我们可能会遇到风雨,历经坎坷,但只要两人能够相互宽容,相互扶持,我们就一定能到达幸福的彼岸。

1. 爱她,就要让她知道 …………………………… 200
2. 选择了幸福,也选择了责任 …………………… 202
3. 别让枯燥的生活淹没了爱情 …………………… 205
4. 不要试图考验爱情 ……………………………… 208
5. 在夫妻间架起沟通的"鹊桥" …………………… 211
6. 不能拿"不爱"当借口 …………………………… 215
7. 是爱情还是友情 ………………………………… 218
8. 如果爱人背叛了你 ……………………………… 219
9. 如果你还爱着她 ………………………………… 223

第一章

你不能不明白：不应该小瞧任何人

有的人你看到了他的今天，但却无法预料他的明天；有的人看起来不起眼，但却可能是深藏不露的高人；有的人只是没权没势的小人物，但有时却能起到关键性的作用……所以不要小瞧任何人，每个人都有他的独特之处、聪明之处，小瞧别人说不定什么时候你就会吃大亏，如果你能够做到待人谦和、敬人如师，那你的人生路上就会少几分阻力，多几分顺畅。

1. 小人物不能小看

不能不明白的道理：

一只灰熊成了马戏团里的明星，它戴着花边帽，穿着美丽的裙子，看到它指挥那些猴子、狗和豹钻过火圈时，观众忍不住大声拍手叫好。灰熊越来越得意了，它觉得自己不应该和那些低等动物住在一起，它的傲慢惹怒了小动物们！猴子对灰熊说："想一想，是谁让你成为动物明星的，是我们！"但灰熊却仍未醒悟。第二天表演的时候，灰熊发现小动物们都不再听它指挥了，它因此而被驯兽师揍了一顿。

能帮助你的人，未必是地位尊崇、高高在上的人，《红楼梦》中，贾芸不就是靠借"泼皮"倪二的银子，才买了香料去讨好"琏二奶奶"的吗？生活中也是这样，我们有多少机会能接触到那些高官显贵呢？很多时候，能帮你的人往往是一些不起眼的小人物，所以千万不要瞧不起小人物。

一个年轻人大学毕业后进入了一家律师事务所，成为那里最年轻的一名律师。但很快他就发现自己的处境很不妙：他清楚法律文书写作的全部程序，但却无法写得精彩；他没有实际经验，也不知道怎样和当事人沟通，在这里每个人都忙着自己的事，没人愿意帮助他、指导他……

有一天接近深夜的时候，他还在一个人加班，突然大嗓门的保安没敲门就闯了进来："你怎么还不走啊！快点快点，巡完楼层我还得睡觉呢！"

年轻的律师很生气："我在加班，你没看到吗？你以为我喜欢这样

第一章

你不能不明白：不应该小瞧任何人

加班吗？"他越说越激动，竟然把自己的烦心事儿全说了出来，保安看了他一眼，没说话就出去了。过了几天，他乘电梯时遇到了经理，而那个保安也在电梯里。保安看了他一眼，突然转过脸，无所顾忌地对经理说："怎么搞的，我怎么总碰见这个小伙子在深夜加班呀！你干嘛不找个熟手带带他，让他自己瞎琢磨有什么用啊！"年轻的律师简直惊呆了，他惊慌地朝经理看去，经理也正看着他。"让我想想！"经理自言自语地说了一句。第二天，经理让他去给一个资深律师当助手，并勉励他好好做，两年后，他已经可以独当一面了。他由衷地感谢那个保安，是他帮了他一个大忙。

保安只是一个小人物，但他却能仗义执言，帮年轻的律师摆脱了困境，可见一些不起眼的小人物在关键时刻也能起到重要作用。

再让我们看看这个故事：杰克·伦敦的童年，贫穷而不幸。一年，杰克·伦敦随着姐夫一起来到阿拉斯加，加入淘金者的队伍。在淘金者中，他结识了不少朋友。他这些朋友中三教九流什么人都有，而大多数是美国的劳苦人民，虽然生活困苦，但是在他们的言行举止中充满了生存的活力。

杰克·伦敦的朋友中有一位叫坎里南的中年人，他来自芝加哥，他的辛酸历史可以写成一部厚厚的书。杰克·伦敦听他的故事经常潸然泪下，而这更加坚定了杰克·伦敦心中的一个目标：写作，写淘金者的生活。

在坎里南的帮助下，杰克·伦敦利用休息的时间看书、学习。1899年，23岁的杰克·伦敦写出了处女作《给猎人》，接着又出版了小说集《狼之子》。这些作品都是以淘金工人的辛酸生活为主题的，因此，赢得了广大中下层人士的喜爱。

杰克·伦敦渐渐走上了成功的道路，他著作的畅销也给他带来了巨额的财富。

刚开始的时候，杰克·伦敦并没有忘记与他同甘苦共患难的淘金工人们，正是他们的生活给了他灵感与素材。他经常去看望他的穷朋友们，一起聊天，一起喝酒，回忆以往的岁月。

但是后来，杰克·伦敦的钱越来越多，他对钱也越来越看重。他甚至公开声明他只是为了钱而写作。他开始过起豪华奢侈的生活，而且大肆地挥霍。与此同时，他也渐渐地忘记了那些穷朋友们。

有一次，坎里南来芝加哥看望杰克·伦敦，可杰克·伦敦只是忙于应酬各式各样的聚会、酒宴和修建他的别墅，对坎里南不理不睬，一个星期中坎里南只见了他两面。

坎里南头也不回地走了。同时，杰克·伦敦的淘金朋友们也永远地从他的身边离开了。

离开了生活，离开了写作的源泉，杰克·伦敦的思维日渐枯竭，他再也写不出一部像样的著作了。于是，1916年11月22日，处于精神和金钱危机中的杰克·伦敦在自己的寓所里用一把左轮手枪结束了自己的一生。

杰克·伦敦成名了，就开始瞧不起那些生活在社会底层的人，结果使自己陷入无助之中，最后用手枪结束了自己的生命。杰克·伦敦的经历告诉我们：永远不要瞧不起地位卑微的朋友，多结交一个朋友就多一条路，离开他们，你也许就会一无所有。

地位只是一个人身份、权力的象征，如果你把它看的太重，就会失去许多朋友、帮手。人生路上，你需要各种各样的朋友来帮助你，包括地位卑微的朋友。

2. 你未必比人强

不能不明白的道理：

一个哲学家坐船过河，他问船夫："你懂得哲学吗？"船夫摇摇头。"那你看过斯宾诺莎的书吗？"船夫又摇摇头，哲学家轻蔑地看了船夫一眼："那你就失去了活着的乐趣。"一会儿后，船突然要沉了，哲学家惊慌地乱叫。船夫问："你会游泳吗？先生。"哲学家摇摇头，船夫笑了："那么，你将失去活着的权利！"

每个人都有各自的特点，有自己的长处，也有自己的短处。不能因为别人在某方面不如你就瞧不起对方，小瞧人的人，常常不如人。

皇帝的御橱里有两只罐子，一只是陶的，另一只是铁的。骄傲的铁罐瞧不起陶罐，常常奚落它。

"你敢碰我吗，陶罐子？"铁罐傲慢地问。

"不敢，铁罐兄弟。"谦虚的陶罐回答说。

"我就知道你不敢，懦弱的东西！"铁罐说着，显出了更加轻蔑的神气。

"我确实不敢碰你，但不能叫做懦弱，"陶罐争辩说："我们生来的任务就是盛东西，并不是用来互相撞碰的。在完成我们的本职任务方面，我不见得比你差。再说……"

"住嘴！"铁罐愤怒地说："你怎么敢和我相提并论！你等着吧，要不了几天，你就会破成碎片，消失了，我却永远在这里，什么也不怕。"

"何必这样说呢，"陶罐说，"我们还是和睦相处的好，吵什么呢！"

"和你在一起我感到羞耻,你算什么东西!"铁罐说,"我们走着瞧吧,总有一天,我要把你碰成碎片!"

陶罐不再理会。

时间过得真快,世界上发生了许多事情,王朝覆灭了,宫殿倒塌了,两只罐子被遗落在荒凉的场地上。历史在它们的上面积满了渣滓和尘土,一个世纪连着一个世纪。

许多年以后的一天,人们来到这里,掘开厚厚的堆积物,发现了那只陶罐。

"哟,这里有一只罐子!"一个人惊讶地说。

"真的,一只陶罐!"其他的人说着,都高兴地叫了起来。

大家把陶罐捧起,把它身上的泥土刷掉,擦洗干净,陶罐和当年在御橱的时候完全一样,朴素、美观、毫光可鉴。

"一只多美的陶罐!"一个人说,"小心点,千万别把它弄破了,这是古代的东西,很有价值的。"

"谢谢你们!"陶罐兴奋地说,"我的兄弟铁罐就在我的旁边,请你们把它掘出来吧,它一定闷得够受的了。"

人们立即动手,翻来覆去,把土都掘遍了,但一点铁罐的影子也没有——它,不知道什么年代,已经完全氧化,早就无影无踪了。

铁罐确实比陶罐结实,这是它的长处,只不过铁罐只看到了自己的长处,却没有看到陶罐的长处:美观,可以丝毫无损地保存上千年。它瞧不起陶罐,奚落陶罐,但结果呢?陶罐历经千年不朽,它却因为被氧化而无影无踪,难怪俗语说:"小瞧人,不如人。"

美国有一个拳手叫汤姆·弗基,刚入道的时候他还只有 20 岁,那正是个年轻气盛的年龄。凭着出拳有力,步法灵活的特点,他已经连续取得了几场比赛的胜利,于是他得意起来,认为自己与拳王的距离已经越来越近了,一些不太出名的拳手他更是看不进眼里。有一次,经纪人

第一章
你不能不明白：不应该小瞧任何人

安排他和一个叫马卡·里乔的拳手打一场，马卡至少打了九年拳了，但却成绩平平，而且三十六岁的他早已过了拳击手最好的年龄。这使汤姆有种受辱的感觉，他扬言只要三回合就可以"放倒那个老家伙"！

比赛开始了，汤姆一上场就发起一轮暴风雨式的进攻，左勾拳，右勾拳，打的虎虎生风，马卡并没有主动进攻，只是不停的躲闪，台下叫好声一片。汤姆更得意了，他认为马卡实不堪一击，但就在这一回合结束的前几秒钟，马卡突然出了一记重拳，汤姆竟然被击倒在地，汤姆认为是自己太大意了，下场一定要给对方点颜色看看。休息时，他的教练告诉他，马卡是一个很难缠的对手，让他一定要小心。但一上场，汤姆就把教练的警告扔在脑后，结果汤姆一直没能打倒对手，两人打满了12回合，汤姆侥幸以点数取胜。然而这并不是什么光彩的胜利，汤姆付出了巨大的代价：眼角撕裂，两个指节骨折。事后仔细想一想自己实在不该小瞧马卡，他虽然年纪大了，但经验却要比自己多很多。他打起拳来有策略，不像自己一样蛮干，他会保护自己，有清醒的判断力……自己能够取胜，实在是一件侥幸的事。马卡给了汤姆一个很好的教训，从此汤姆再也不敢小看任何一个拳手，无论是新人还是老将。因为他知道每个人都有自己的不凡之处，小看了他，就会吃大亏。

生活中，很多人也都容易犯汤姆的错误，能看到自己的长处，而看别人时却只能看到短处，这是一件很遗憾的事，小看别人就会使你做出错误的判断，做起事来就容易落败甚至沦为别人的笑柄，就像汤姆·弗基一样。

小瞧别人的心理，是你成功的一大障碍，你应该常常提醒自己：千万不要看轻任何人，你未必就比人强！

3. 人不可貌相

不能不明白的道理：

一只蚯蚓遇见了一只毛毛虫，蚯蚓哈哈大笑："我终于碰见比我更丑的动物了！天啊！你是怎么长成这个样子的？"毛毛虫回答它说："不，我会变美丽的，我并不是一直这样丑陋。"蚯蚓不相信："美丽？难道你还能变成蝴蝶？"毛毛虫笑了："对！就是变成蝴蝶，三天后再来看我吧！"三天后蚯蚓又来找毛毛虫，可它看见了什么？毛毛虫正一点点裂开，一只五彩的蝴蝶飞了出来，飞过草地，越飞越远了。蚯蚓呆呆地看着它远去："还真是不可貌相啊！"

一些人很不起眼，甚至有某方面的缺陷，但这样的人未必就会成为生活中的失败者，他们往往生活得更好、事业更成功！

有一句老话叫"人不可貌相，海水不可斗量"，单看一个人的外貌就断定他是否有前途，是一件愚蠢的事。生活中，总有人喜欢以貌取人，小看那些外表上有缺憾的人，其实缺憾有时也是一种动力，能帮助他人更快地走向成功。

许多人喜欢看 NBA 的夏洛特黄蜂队打球，特别喜欢看 1 号博格士，他的身高只有 1.6 米，是现在 NBA 里最矮的球员，但他也是 NBA 表现最杰出、失误最少的后卫之一，不仅控球一流，远投精准，甚至在高个队员中带球上篮也毫无所惧。

每次看到博格士像一只小黄蜂一样，满场飞奔，心里总忍不住赞叹。

第一章

你不能不明白：不应该小瞧任何人

博格士是不是天生的好手呢？当然不是，他凭借的是意志与苦练。

博格士从小就非常热爱篮球，几乎天天都和同伴在篮球场上玩耍。当时他就梦想有一天可以去打 NBA，因为 NBA 的球员不只是待遇高，而且也享有风光的社会评价，是所有爱打篮球的美国少年最向往的梦。

每次博格士告诉他的同伴："我长大后要去打 NBA。"所有听到他的话的人都忍不住哈哈大笑，甚至有人笑倒在地上，因为他们"认定"一个 1.6 米的人是绝不可能到 NBA 打球的。

在别人的讽刺声中，博格士的球艺却越来越精了，最后终于成为全能的篮球运动员，也成为最佳的控球后卫。他充分利用自己矮小的优势：行动灵活迅速，像一颗子弹一样；运球的重心偏低，不会失误；个子小不引人注意，抄球常常得手。原来看不起博格士的那些人，最后都成了他的忠实球迷。

1.6 米的身高，对一个球员来说确实是一个很严重的缺憾，因此当博格士说出想去 NBA 打球的愿望时，遭到了众人的嘲笑。但博格士却没有理会这些刺耳的声音，反而更加勤于练球，终于成为了一代篮球巨星，他的缺憾也成了他的长处。博格士的经历告诉我们：人有无穷潜力，当他潜心去做一件事时，他就有可能战胜自身的缺憾，取得成功。

有人说了个形象的比喻：每个人都是上帝亲手从树上摘下的苹果，但每个人都不太完美，因为有的被摔伤了，有的被上帝咬了一口，那么有缺憾的人一定是上帝最喜爱的人，因为他咬了大大的一口。上帝很公平，有缺憾的人常常是内在最丰富的人，因此千万不要小瞧他们，他们都是上帝的宠儿。

4. 任何人都不是傻瓜

不能不明白的道理：

  一只狐狸向松鼠抱怨说："鸡权协会控告我，说我利用检查卫生的机会，进入鸡笼，吃了不少鸡，你说我会那样做吗？"松鼠冷冷地看着它："我从来没见到你嘴边有鸡血或鸡毛，但每次你进入鸡笼，鸡就少几只，也许你觉得自己做得很隐密，可我们也不是傻瓜！"

  每个人都觉得自己很聪明，看别人的时候却觉得对方很傻，很容易就会上当，并因此而自鸣得意。其实谁都不是傻瓜，当一个人小瞧别人，不尊重别人时，别人也不会接受他。

  有一个医生，医术很高明，他在自己所在的社区开了一个小诊所，因为街坊邻居都很相信他的医术，所以生意很不错。后来为了增加利润，医生就动起了歪心眼：病人来买药时，他总是尽量多开药，维生素类的药吃了也不会死人，所以常常一开一大包；病人来诊所输液时，他却暗中减少剂量，这样病人只好多打几瓶；除此之外，他还总向病人推荐一些价格昂贵的药；明明吃药也可以痊愈的，他却让人输液……半年以后，来诊所看病的人越来越少了。有一天，他去社区的小公园散步，正好听见几个邻居聚在一起聊天："去他那里看病？算了吧，我宁愿打车去医院。""真是的，诊所越办越黑，同样的病，我家老头子在医院打了两针就好了，可到了他那里——""更可气的是，他总乱拿药，上次我得了肺内感染，他偏给我拿很多维生素，我是不懂得这些，可我表姐夫是市医院的大夫，想骗我！我看啊，他是把咱们都当傻子

第一章

你不能不明白：不应该小瞧任何人

了！"……医生再也听不下去了，他羞愧得满脸通红，转身就走了。当然，过了不长时间他的诊所也停业了。

千万别小瞧别人的判断力，不要以为别人都是很好骗的，你这样做违背了诚信的原则。故事中的医生就有必要学会以诚待人，这样才会赢得他人的尊重。他给人开高价药，减小药量，……还天真地以为不会被人发现，以为所有的病人都乖乖地上当，弄虚作假、不尊重别人导致的直接后果就是被人们拒绝。小瞧别人的人，别人也会看不起他，正像站在镜子前一样，你怒他也怒，你笑他也笑，一切都取决于你的态度。

豪华·哲斯顿被公认为魔术师中的魔术师。40年间，他游走在世界各地，一再地创造幻像，所有观众都被他神奇的表演深深吸引。

豪华·哲斯顿最后一次在百老汇上台的时候，卡耐基花了一个晚上待在他的化妆室里，想请哲斯顿先生告诉他成功的秘诀。哲斯顿告诉卡耐基，关于魔术手法的书已经有好几百本，而且有几十个人跟他懂得一样多，因此，他的成功并不是因为他的魔术手法与众不同。

但他有两样东西，其他人则没有。第一，他能在舞台上把他的个性显现出来。他是一个表演大师，了解人类的天性。他的所作所为，每一个手势，每一个语气，每一个眉毛上扬的动作，都在事先很仔细地预习过，而他的动作也配合得分秒不差。第二，就是他十分尊重观众。他告诉卡耐基，许多魔术师会看着观众对自己说："坐在底下的那些人是一群傻子、一群笨蛋。我可以把他们骗得团团转。"但哲斯顿的方式完全不同。他每次一走上台，就对自己说："我很感激，因为这些人来看我表演。我要把我最高明的手法，表演给他们看。观众可不是傻瓜，只要我出一点错，他们马上就会发现的，所以我要认真再认真。"

他说，他没有一次在走上台时，不是一再地对自己说："我爱我的观众，我爱我的观众。"也正因为有了对观众的尊重，才使得他的表演更具吸引力。

豪华·哲斯顿完全掌握了做人的一项重要原则：小瞧别人的人，是不会受到别人的尊重和认可的。他尊重他的每一位观众，对他来说魔术不是唬骗观众，而是与观众交流感情的工具。因此他博得了观众的好感，在魔术表演上取得了巨大的成功，他的魔术表演，并不特别比别的魔术师神奇，但他对观众的尊重却帮了他大忙，观众是敏感的，台上的魔术师是以怎样的态度对待他们的，他们立刻就可以感觉得到。

然而生活中，**很多人却容易犯小瞧别人的毛病，他们总把别人想成笨蛋，这种态度就导致他们在行动时对人表现得不尊重，而不尊重别人的后果就是使自己不被认可。**要想获得别人的友谊或感情，就要用心去改善自己的态度，并增进能让别人喜欢自己的品质，而这品质中最重要的一条便是学会尊重别人。

请记住，任何人都不是傻瓜，不要试图耍弄别人。尊重别人你才会被人尊重，你的事业才会蓬勃发展，你的人生才会圆满如意。

5. 总有一条适合他的路

不能不明白的道理：

在人生的道路上，所有的人并不会站在一个场所。——有的在山前、有的在海边。

——［印度］泰戈尔

很多人都瞧不起失败者，认为只有成功的人才值得尊敬，但事实上根本就没有所谓的失败者，他们只不过没有找到适合自己的路而已。

第一章

你不能不明白：不应该小瞧任何人

著名诗人济慈本来是学医的，在医学院里他的成绩非常差，常常受到同事的嘲笑。但后来他发现自己有写诗的才能，就放弃了学医，把自己的整个生命都投入到写诗当中。虽然他只活了二十几岁，但却为人类留下了许多不朽诗篇。

不要看轻失败者，每一个生命都具有生存的力量，每个生命也都有自我发展的空间。

在求学的道路上，派瑞斯一直遭遇失败与打击，高中时的老师还曾经对他的母亲说："派瑞斯恐怕不适合读书，他的理解能力实在太差了。说实话，我都想不出这孩子将来能做什么？"

派瑞斯的母亲听见老师这么说，非常伤心失望，她带着派瑞斯回家，决定要靠自己的力量，好好地培养他成材。

但是，不管母子俩怎么努力，派瑞斯对于读书实在有心无力，但孝顺的他为了安慰母亲，即使读得再吃力，也从来没有放弃过。

这天，读得心烦的派瑞斯，路过了一家正在装修的超市，发现有个人正在超市门前雕刻一件艺术品。

没想到，派瑞斯这一看居然看得出神，停下脚步好奇而用心地观赏着，且产生了无比的兴趣。

此后，母亲发现派瑞斯只要看到一些木头或石头，便会认真而仔细地按照自己的想法去打磨、塑造，但是对于读书一事，却开始放弃了。

母亲着急地劝他，最后派瑞斯不得不听从母亲的叮咛继续读书，只是已经着迷于雕刻世界的他，却一直无法放下手中的雕刻刀。

派瑞斯最终还是让母亲彻底失望了，当落榜通知单寄到家中，母亲对他说："你走自己的路吧！你已经长大了，没有人必须再为你负责。"昔日的同学也都讽刺他说："废物就是废物，怎么扶他也站不住的！"

派瑞斯知道，自己在母亲和所有人的眼中是个彻底的失败者，他在难过之余作了最后决定，要远走他乡，寻找自己的未来。

许多年后，有座城市为了纪念一位名人，决定在市政府门前广场上放置名人的雕像，当地的雕塑师纷纷献上自己的作品，希望自己的大名也能与这位名人联系在一起。

但是，最后评选的结果，却是一位远道而来的雕塑师胜出。

在落成仪式上，这位雕塑大师发表了讲话："我想把这件雕塑作品献给我的母亲，因为，我读书时无法实现她的期望，我的失败更令她伤心失望过。但是，现在我想告诉她，虽然大学里没有我的位置，可是，现在我总算找到了一个位置，一个成功的位置。母亲，今天的我绝对不会让您失望了。"

原来这位雕塑大师竟然是派瑞斯，他的同学和邻居都惊讶得目瞪口呆，说不出话来，而站在人群中的母亲更是喜极而泣，她终于明白了，儿子原来并不笨，只不过是一直没有找到一条适合自己的路。

当派瑞斯的同学放肆地嘲弄他时，他们一定没想到"废物"竟然会变成雕塑大师，当派瑞斯的母亲让儿子去走自己的路的时候，她实际上已经放弃了他，认为他这一辈子再也不会有什么出息。但派瑞斯却出人预料地取得了成功。其实这世界原本就会有属于每一个人站立的位置、适合每一个人走的路，只不过有人很幸运地一下子找到了，有人还在跌跌撞撞地摸索而已。

不要小瞧任何人，即使是失败者，因为说不定什么时候他们就会出人预料地获得成功。

第一章
你不能不明白：不应该小瞧任何人

6. 别总想着占人便宜

不能不明白的道理：

狐狸莫顿看见一户人家的窗户上挂着一串香肠，它馋得口水都流了下来。怎么才能吃到香肠呢？这时它注意到了院子里的狗，它狡猾地想："我只要三言两语就能让那只蠢狗把香肠送给我！"于是狐狸就和狗套起了近乎，最后它说："兄弟，看到那串香肠了吗？你那吝啬的主人是不会给你吃的，我替你望风，你把它偷出来大吃一顿多好！"狗想了想，就让狐狸跟它进院："到草地那等着，我偷下来就跟你会合。"狐狸刚走到草堆就一声惨叫，它被一只捕鼠夹夹住了，而主人则跟着狗走了出来，一枪就把狐狸打死了。

生活中，很多人都想着要占点别人的便宜，似乎别人都不如自己聪明，但他们小瞧别人的代价就是"搬起石头砸了自己的脚"。

两个城里人和一个乡下人一起旅行，但他们的食物很快就吃光了，只剩下一点点面粉，他们把面粉做成面包，但怎么也不可能够三个人吃。两个城里人想："我们不如想个计策，把乡下人的那份面包也拿来，这样我们就能吃饱了！"于是他们就对乡下人说："你看，面包根本不够三个人吃。把面包烤着，我们来睡觉吧！谁做的梦神奇，面包就归谁吃！"乡下人同意了，他倒头就睡，但两个城里人却没睡觉，他们商量起来："明天呢，我就说我做梦见上了天堂，天使亲自来迎接我！"另一个说："那我就说我去了地狱，看见了撒旦和很多小鬼，他们都张牙舞爪的，可怕极了！哼，谅那个乡下人也做不出什么奇特的梦，那块面包够我们吃了！"说完他们也去睡了。然而那个乡下人根本没睡着，他听见了两个城里人的谈话，于是他半夜爬起来就把面包吃光了。第二天早上，两个城里人醒来发现面包不见了，就摇醒了乡下人，乡下人装成很吃惊的样子说："唷！你们还在这儿呢！昨天我看见天堂的大门打开了，天使把你迎接了进去，又看见这位下了地狱，撒旦和小鬼都张牙舞爪地拉着你，我想从来没有人上天堂或下地狱还能回来的，所以就把面包给吃了！"

这个故事很可笑：两个城里人，因为瞧不起乡下人，想多占点便宜，结果反被乡下人涮了一把！生活中这类的事也屡见不鲜，比如发生在动物园的趣事：

有个女游客来到黑猩猩园区，看见有一只猩猩靠近，忽然玩心大起，想了一个方法要捉弄这只大猩猩。

只见她故意做出喂食的动作，黑猩猩不疑有诈，立即上前准备接受她的食物，然而，就在黑猩猩伸手要拿食物时，这个女游客突然将手缩回，并且得意地嘲笑着它。

这时黑猩猩似乎知道自己被人戏弄，顿时气得变脸，它突然朝着女游客的脸，吐了一大口唾沫，这位妙龄女郎当场成了另一个可笑的"景点"。

动物园的管理员看见了，走了过来，并笑着说："你们可别欺负它喔！阿吉可是非常聪明的。"

据说，在此之前，有个中学生也受过类似的教训：

当时他拿着香蕉想引诱阿吉，就在阿吉靠近拿取时，这个顽皮的学生却将香蕉送进了自己的嘴里。被欺负的阿吉一看，反应相当快，只见一大口唾沫，直直地射向学生的脸。

女游客戏弄黑猩猩时，一定是觉得黑猩猩是没什么智商的动物，欺负它、占它的便宜不会有任何风险，但没想到黑猩猩也不是好欺负的，

第一章
你不能不明白：不应该小瞧任何人

自己反倒被吐了口水。真是两则有趣的案例，以万物灵长自居的人类，反而被自然万物教训了一顿，从这两个故事中我们得到的教训就是：不要总想着占人便宜，谁都不是好欺负的。

有一个富翁听说某农场准备卖掉，他就跑去找邻居商量："你和农场主是多年的好朋友，如果你去买农场的话，他一定会很便宜的卖给你，我给你拿钱，你去把它买下来后，我一定重重地谢你，怎么样？老伙计？帮帮忙吧！"尽管邻居知道富翁的信誉不太好，但还是去了。农场主果然把农场以极低的价钱卖给了朋友。富翁对买卖的价钱非常满意，但他却一个字也没提酬谢的事，拿起地契转身就走。邻居冷笑了一下，叫住了富翁。富翁以为还有什么好事呢，赶忙回头，结果邻居说："如果你不介意，我还要再告诉你一声，那个农场是以我的名字买的！"

富翁一心想占别人的便宜：想以最低的价钱买下农场，想不花一文钱地使用邻居……结果呢？想占便宜的人反被人占了便宜！钱花了，农场却属于邻居，自己还落得个可笑可怜的下场。要怪谁呢？只能怪富翁自己。若不是他总觉得自己比别人聪明，低估别人，他也不会吃这个亏了。其实人跟人都差不多，你一心想占别人便宜，对方心里又怎会没个算计，这样一来吃亏的很可能就是你。

千万别太低估别人，抬高自己，你并不比别人聪明多少，便宜也不是那么好占的。脚踏实地做事，清清白白地做人，这样你才会在人生路上走得顺畅。

7. 雪中送炭者必有厚报

不能不明白的道理：

两个贫苦的好朋友同一时间死去了，上帝让甲上天堂、乙去地狱，乙喊道："为什么这么不公平？"上帝回答他："你也许还记得，有一天你们一起赶路，遇到了一个死去的人，甲把他埋了起来，你却没有动手！"

　　人们都乐于锦上添花，却很少有人愿意做雪中送炭的事。锦上添花是在攀附贵人，日后必定好处多多；而雪中送炭是帮助弱势的人，可帮助他们有什么用处呢？这种想法实在是大错特错，因为那些看起来不起眼的人说不定什么时候就会帮上你大忙！

　　一对待人极好的夫妇不幸下岗了，不过在朋友、亲属以及街坊邻居们的帮助下，他们在小城新兴的一条商业街边开起了一家火锅店。

　　刚开张的火锅店生意冷清，全靠朋友和街坊照顾才得以维持。但不出三个月，夫妇俩便以待人热忱、收费公道而赢得了大批的"回头客"，火锅店的生意也一天一天地好起来。

　　几乎每到吃饭的时间，小城里行乞的七八个大小乞丐，都会成群结队地到他们的火锅店来行乞。

　　夫妇俩总是以宽容平和的态度对待这些乞丐，从不呵斥辱骂。其他店主，则对这些乞丐连撵带轰，一副讨厌至极的表情。而这夫妇俩则每次都会笑呵呵地给这些肮脏邋遢、令人厌恶的乞丐盛满热饭热菜。最让人感动的是夫妇俩施舍给乞丐们的饭菜，都是从厨房里盛来的新鲜饭

第一章
你不能不明白：不应该小瞧任何人

菜，并不是那些顾客用过的残汤剩饭。他们给乞丐盛饭时，表情和神态十分自然，丝毫没有做作之态，就像他们所做的这一切原本就是分内的事情一样，正如佛家禅语所说的，这是一对"善心如水的夫妻"。

日子就这样一天一天地过着，一天深夜，附近的一家服装店里突然燃起了大火，火势很快便向火锅店窜来。

这一天，恰巧丈夫去外地进货，店里只留下女主人照看。一无力气二无帮手的女店主，眼看辛苦张罗起来的火锅店就要被熊熊大火吞没，着急万分之时，只见那班平常天天上门乞讨的乞丐，不知从哪里钻了出来，在老乞丐的率领下，冒着生命危险将那一个个笨重的液化气罐搬运到了安全地段。紧接着，他们又冲进马上要被大火包围的店内，将那些易燃物品也全都搬了出来。消防车很快开来了，火锅店由于抢救及时，虽然也遭受了一点小小的损失，但最终给保住了。而周围的那些店铺，却因为得不到及时的救助，货物早已烧得精光。

在平常人看来，帮助一群乞丐有什么用呢？没钱、没权，而且很难有翻身的时候，但这对夫妇却没有这样想。他们不求回报地热心帮助这群乞丐，结果当遇到火灾时，乞丐们也不顾一切地帮助他们，别人的店铺都烧光了，火锅店却只受了一点点损失，夫妻俩对乞丐们无私的帮助得到了他们最真诚的回报。

人们总是瞧不起落魄的人，不愿做雪中送炭的事，他们不知道有时候只是帮弱势者做一点点小事，他们就可以获得丰厚的回报。

一个刮着北风的寒冷夜晚，路边的一间旅馆迎来了一对上了年纪的客人，他们的衣着简朴而单薄，看来他们非常需要一个温暖的房间和一杯热水，但不幸的是这间小旅店早就客满了！领班罗比看了他们一眼，冷冷地说："这里没有多余的房间了，快走吧！"

"这已是我们寻找的第16家旅社了，这鬼天气，到处客满，我们怎么办呢？"这对老夫妻望着店外阴冷的夜晚发愁。

店里的一个小伙计不忍心这对老年客人受冻，便建议说："如果你们不嫌弃的话，今晚就住在我的床铺上吧，我自己打烊时在店堂打个地铺。"

老年夫妻非常感激，第二天要付客房费，小伙计坚决拒绝了。临走时，老年夫妻开玩笑似的说："你才真够得上当一家五星级酒店的总经理。"

"那敢情好！起码收入多些可以养活我的老母亲。"小伙计随口应和道，哈哈一笑。

没想到两年后的一天，小伙计收到一封来自纽约的信，信中夹有一张来回纽约的双程机票，信中邀请他去拜访当年那对睡他床铺的老夫妻。

小伙计来到繁华的大都市纽约，老年夫妻把小伙计引到第五大街与三十四街交汇处，指着那儿一幢摩天大楼说："这是一座专门为你兴建的五星级宾馆，现在我们正式邀请你来当总经理。"年轻的小伙计因为一次举手之劳的助人行为，美梦成真。

还记得韩信和漂母的故事吗？韩信落魄之时，人人都嘲笑他，只有漂母把自己的饭分给他吃。后来，人们眼中的"无用小子"变成了大将军，他以千金回报了漂母的一饭之恩。很多人都热衷于结交富有的人，而鄙视穷困的人，这种做法真的很不可取。

无论如何，帮助别人总是一件不错的事，帮助别人有时就是在帮助你自己，而且，如果你能摒弃势利的想法，就会发现，雪中送炭比锦上添花更能让你快乐，更能让你有满足感。

第二章

你不能不明白：自己本来就是个小人物

现实中总有那么多的不如意,梦想中辉煌的人生遥遥无期,成功者头上的光环让你感觉到刺眼和嫉妒。奋斗数年,却发现自己依然是一个无足轻重的小人物。那么,何妨在内心深处向自己大胆地承认:我本来就是个小人物,我要享受属于小人物的所有快乐。

1. 烦恼都是自找的

不能不明白的道理：

有一天，女王独自到花园里散步，使她万分诧异的是，花园里所有的花草树木都枯萎了，园中一片荒凉。原来橡树由于没有松树那么高大挺拔，因此轻生厌世死了；松树又因自己不能像葡萄那样结出许多果实，也嫉妒而死；葡萄呢？则哀叹自己不能像桃树那样开出美丽的花朵，于是也死了；其余的花草树木也都是因为自己的平凡而垂头丧气，只有顶细小的忘忧草在茂盛地生长。女王很奇怪为什么平凡到不能再平凡的忘忧草会如此的乐观，小草说："女王啊，我知道自己是一株平凡的小草，所以就从不自寻烦恼，要去变成一棵大树或别的什么。"

事实证明，世界上只有2%的人能够得到了不起的成功，而98%的人只能是平平常常的普通人。有些聪明能干、有远大抱负的年轻人总是瞧不起那些平凡过日子的人。他们认为这些人"没出息"、"微不足道"、"活得没意思"，而当他们发现自己奋斗失败、无所作为，面对和常人一样平淡无奇的生活时，他们就会觉得生活无聊透了，因而生出了无尽的烦恼。

小宋毕业于某名牌大学，学识渊博，心高气傲，毕业后他没有像同学们那样找家大公司去上班，一步步赢得晋升，因为他有更远大的目标：自己创业，并逐渐将公司做大做强，直至跨入世界一流企业行列。在家人的支持下，小宋开始了他的创业历程：他办过网上连锁商店，卖过电脑，开过会计服务公司……两年下来，小宋一事无成，而他昔日的

第二章
你不能不明白：自己本来就是个小人物

同窗们都已成为经理级的人物了。家里人对他这样乱折腾实在看不下去，就逼着他去某企业担任文职工作，但这份工作显然不能让他满意，他抱怨工作烦琐，认为这样做下去也不会有什么前途，于是他每天都在烦恼着，为理想与现实的落差而痛苦着。

生活有目标，想出人头地，可以说是一种相当积极的心态，可是这必须建立在对平凡生活的肯定之上。唯有对平凡生活的肯定，才能让人更发愤向上。相反地，如果对平凡生活的状况一直抱着不满的态度，那么想出人头地的想法，反而会给你带来负面的影响。

现实生活中，还有许多个"小宋"，他们无法接受平凡的生活，更不懂得从平凡中找出伟大，因而他们的"远大理想"带给他们的通常是烦恼而不是希望。

其实，做一个平凡的小人物也并没有什么不光彩的。生活中我们常常忽略了小人物，可小人物并非是愚人蛮者，恰恰相反，多是些能工巧匠。人人都有自己的生活方式，小人物没有大人物的辉煌，但却有自己平实的欢乐。

正因有了小人物的安分，才成就了大人物的辉煌。大人物蓝图一描，众多勤恳的小人物努力为之工作，成绩便被一点一滴地造就出来。成绩辉煌之后，大人物更有了资本，于是靠着一丝思想的灵感，继续推动着世界前进的脚步。

一个站在山顶上的人和一个站在山脚下的人，所处的地位虽然不同，但在两者的眼中所看到的对方却是同样的大小。所以如果你是一个平平常常的小人物，那就千万不要妄自菲薄，不要自寻烦恼，不要因为仰慕大人物头上的光环而忽略了自己的生活。

2. 平凡才是人生真境界

不能不明白的道理：

上帝用金杯子、水晶杯子、木杯子装了水来招待三位客人。用金杯子喝水的人放下杯子后得意地说："感觉很高贵！"用水晶杯子喝水的人惊喜地表示："水的颜色太美了！"用木杯子喝水的人喝干了最后一滴水，然后微笑着说："水很甜！"上帝也笑了：原来平凡中人们才能真正地体味生活的真正滋味！

平凡会让你更懂得珍惜自己的所有，更懂得享受生活，你也就更能体味到生活的幸福滋味！

宁是个普通的职员，生活简单而平淡，她最常说的一句话就是："如果我将来有了钱啊……"同事们以为她一定会说买房子买车，她的回答却令人们大吃一惊："我就每天买一束鲜花回家！""你现在买不起吗？"同事们笑着问。"当然不是，只不过对于我目前的收入来说有些奢侈。"她也微笑着回答。一日，她在天桥上看见一个卖鲜花的乡下人，他身边的塑料桶里放着好几把雏菊，她不由得停了下来。这些花估计是乡下人批来的，又没有门面，所以花便宜得要命，一把才5元钱，如果是在花店，起码要15元！于是她毫不犹豫地掏钱买了一把。

她兴奋地把雏菊捧回了家，在她的精心呵护下这束花开了一个月。每隔两三天，她就为花换一次水，再放一粒维生素C，据说这样可以让鲜花开放的时间更长一些。每当她和孩子一起做这一切的时候，都觉得特别开心。一束雏菊只要5元钱，但却给宁和家人带来了无穷的快乐。

第二章

你不能不明白：自己本来就是个小人物

琳是某大型国企中的一名微不足道的小员工，每天做着单调乏味的工作，收入也不是很多。但琳却有一个漂亮的身段，同事们常常感叹说："琳要是穿起时髦的高档服装，能把一些大明星都给比下去！"对于同事的惋惜之辞，琳总是一笑置之。有一天，琳利用休息时间清理旧东西，一床旧的缎子被面引起了她的兴趣——这么漂亮的被面扔了实在可惜，自己正好会裁剪，何不把它做成一件中式时装呢？等琳穿着自己做的旗袍上班时，同事们一个个目瞪口呆，拉着她问是在哪里买的，实在太漂亮了！从此以后，琳的"中式情结"一发不可收拾：她用小碎花的旧被单做了一件立领带盘扣的风衣，她买了一块红缎子面料稍许加工后，就让她常穿的那条黑长裙大为出彩……

两个身处不同环境的平凡女人有一个共同点：她们都能从平凡的生活中找到属于自己的幸福。宁生活平淡，她却愿意享受平淡的生活，并为生活增添色彩；琳无法得到与自己的美丽相称的生活，但她没有丝毫抱怨，还尽量利用已有的东西装点自己的美丽，所以，**最快乐的人并不是拥有的一切东西都是美好的，她们只是懂得从平淡的生活中获取乐趣而已。**

其实，世界上的大多数人都并不伟大，但平凡的人生同样可以光彩夺目。因为任何生命——平凡的生命和伟大的生命，都是从零开始的。只是平凡的人离零近些，伟大的人离零远些。

追求平凡，并不是要你不思进取，无所作为，而是要你于平淡、自然之中，过一个实实在在的人生。平凡乃人生的一种境界。肤浅的人生，往往哗众取宠，华而不实，故弄玄虚，故作深沉；而平凡的人生，往往于平淡当中显本色，于无声处显精神。平凡在某种程度上来说，表现为心态上的平静和生活中的平淡。平淡的人生犹如山中的小溪，自然、安逸、恬静。平凡的人生也无须雕琢，刻意雕琢就会失去自然，失去本性。

身处红尘之中，日出而作，日落而息，无宠无辱，自在逍遥，持平凡心，做平凡人，自有享受平凡的妙处。持平凡心，无欲做伟人，虽无伟人博大精深的威仪，但也没有高处不胜寒，举手投足左顾右盼的尴尬；持平凡心，无欲为高官，虽无炙手可热、一呼百应的威势，但也不用煞费苦心伺机钻营，拍马溜须、见风使舵，也不会一朝马失前蹄树倒猢狲散，因贪欲难抑东窗事发身陷囹圄；持平凡心，无意经商成巨富，虽无做大款、居华屋坐名车挥金如土的威风，但也没有终日搏击商场、身心俱疲、买空卖空，一朝船翻在阴沟，欲捧金碗却砸了瓷碗的处境。

做平凡人是一种享受：享受平凡，勤耕苦作有收获，不求名利少烦恼；享受平凡，看海阔天空飞鸟自在翱翔；看山清水秀，无限风光在眼前。享受平凡，不是消极，不是沉沦，不是无可奈何，不是自欺欺人。享受平凡是因为平凡中你才能体会到生活的幸福和可贵，幸福不是腰缠万贯、豪华奢侈，幸福不是位高权重、呼风唤雨，幸福是对平凡生活的一种感悟，只要你经历了平凡，享受了平凡，就会发现：平凡才是人生的真境界！

3. 做人要有自知之明

不能不明白的道理：

早晨，一只山羊在栅栏外徘徊，想吃栅栏内的白菜，可是进不去。它看见了自己的影子——因为太阳是斜照的，影子拖得很长很长。

"我如此高大，一定能吃到树上的果子，不吃这白菜又有什么关系呢？"它对自己说。

它奔向很远处的一片果园。还没到达果园，已是正午，太阳照在头

第二章

你不能不明白：自己本来就是个小人物

上。这时，山羊的影子变成了很小的一团。

"唉，我这么矮小，是吃不到树上的果子的，还是回去吃白菜吧。"它对自己说，"凭我这身材，钻进栅栏是没有问题的。"

于是，它又往回奔跑。跑到栅栏外时，太阳已经偏西，它的影子重新变得很长很长。

"我干吗回来呢？"山羊很惊讶，"凭我这么高大的个子，吃树上的果子是一点也不费劲的！"

山羊又返了回去，就这样直到黑夜来临，山羊仍旧饿着肚子。

不能正确认识自己是很多人失败和痛苦的原因，痛苦常常属于没有自知之明的人。

有一位无所不知先生，常常教导他的弟子说：人贵有自知之明，做人就要做一个自知的人。唯有自知，方能知人。有个弟子在课堂上提问道："请问老师，您是否知道您自己呢？"

"是呀，我究竟知道我自己吗？"他想，"嗯，我回去后一定要好好观察、思考、了解一下我自己的个性、我自己的心灵。"

回到家里，无所不知先生拿来一面镜子，仔细观察自己的容貌、表情，然后再来分析自己的个性。

首先，他看到了自己亮闪闪的秃顶。"嗯，不错，莎士比亚有个亮闪闪的秃顶。"他想。

他看到了自己的鹰钩鼻。"嗯，英国大侦探福尔摩斯——世界级的聪明大师就有一副漂亮的鹰钩鼻。"他想。

他看到自己具有一副大长脸。"嗨！大文豪苏轼就有一副大长脸。"他想。

他发现自己个子矮小。"哈哈！鲁迅个子矮小，我也同样矮小。"

他想。

他发现自己具有一双大撇撇脚。"呀,卓别林就有一双大撇撇脚!"他想。于是,他终于有了"自知"之明。

第二天,他告诉他的弟子:"古今中外名人、伟人、聪明人的特点集于我一身,我是一个不同于一般的人,我将前途无量。"

这个故事中的"无所不知先生"就没有真正的认清自己,他对自己的评价只能让人产生妄自尊大的感觉,白白给人留下笑柄而已。当然要认清自己是一件很难的事情,有的人甚至走到生命的尽头,都无法看清自己到底是怎样的一个人。这是因为我们对自己的认识不够全面,就像故事中的"无所不知先生"一样,自己的秃顶、长脸、矮身材都看做是智慧的象征,只看到自己好的一面,看不到自己糟糕的一面,只看到自己的外表却看不到自己的内心。所以我们平时就应当多注意自己的言行,对自己所做过的事情加以分析,从中对自己进行总结。

认识自己也不能像"无所不知先生"那样把自己的主观情绪带进去,人很难对自己有一个正确的评价,就是因为"当局者迷",所以认识自己的最好方法是站在一旁,像陌生人一样来评价自己。接着要尽可能客观地进行自我检查,评估自己的能力并认清自己的缺点。

人贵有自知之明,如果没有自知之明就会痛苦地走一辈子冤枉路,因为没有哪个人可以在人生的每一方面都表现得很出色,如果我们高估或低估了自己的力量,那么我们就很可能因为决策失误而受到伤害。所以对我们来说最重要的就是认识自己、做好自己。

许多时候,我们会不自觉地感到自己的强大,这种信心是不可或缺的。但不可发展为自负,否则就成了狂妄。正如空中的星星,对于尘埃来说它大如宇宙,但对于宇宙来说它小如芥豆。因此,认清自己很重要。

你听说过鱼游得太累、鸟飞得太倦、花开得太累吗?的确没有人看

第二章
你不能不明白：自己本来就是个小人物

过它们太累，因为它们在扮演自己。

手表知道自己的作用就是指示时间，于是它就忠实地扮演着自己的角色，每过一秒就迈一步，因此它的一生都很轻松。

杯子知道自己的功能就是装水、装酒或咖啡，于是它自由自在地端坐桌子的一角，无事于心地过着日子。让自己容纳别人是天经地义，所以它一生都过得沉稳自在。

你可曾听过杯子嘲笑手表吗？没有。

那是因为杯子知道：杯子就是杯子，手表就是手表。它们的条件不同，功能也不同。杯子若是想不开，想替代计时；手表若是想不开，想扮演杯子盛水，就是它们人生噩梦的开始！

所以还是在认清自己之后，甘心地做好自己吧！

如果你不能成为山顶上的高松，那就当一棵山谷里的小树吧——但要当一棵溪边最好的小树。

如果你不能成为一棵大树，那就当一丛小灌木；如果你不能成为一丛小灌木，那就当一片小草地。

如果你不能是一只香獐，那就当一尾小鲈鱼——但要当湖里最活泼的小鲈鱼。

如果你不能成为大道，那就当一条小路；如果你不能成为太阳，那就当一颗星星。

我们不能全是船长，必须有人来当水手。生活中有许多事让我们去做，有大事，有小事，但最重要的是我们身旁的事。**自知是人生的第一步，而自知的目的就是为了忠于自己的角色，扮演好自己。如果一个人能将二者结合起来，那么他的人生必定是成功的。**

4. 地位再低也不要自暴自弃

不能不明白的道理：

古时有一个泰安小吏嫌自己的地位低下，总是为得不到别人的尊敬而苦恼。一天，他去向老子求教："先生，我的地位太低，不仅得不到尊敬，而且时常受到欺负，你能给我出个主意吗？"老子问明了他的情况后，说："一个人能否受到别人的尊敬，并不是由他的地位所决定的。江海能成为百川汇集的地方，就是因为它处在最低的地位上啊！你要想在百姓之上，就必须对他们谦下；要想作为百姓的表率，就必须把个人的利益放在百姓的后面。这样做了，就不会有人不尊敬你了。"泰安小吏说："我明白了，为人表率，才能受人尊敬。"

一个人苦苦寻找自己的地位尊严，是无可厚非的，但却不应该把地位问题看得太重。不可否认，人们的潜意识里总有着"大人物"与"小人物"的高下之别。但是"大人物"毕竟少而又少，而"小人物"就在你我身边。况且"大人物"也是从"小人物"不断地变大的，所以承认自己是小人物，承认自己地位低并没有什么可耻。

一个人，如果一定要崇尚什么的话，他应该崇尚的是智慧而不是地位。而获得智慧却并不需要先获得地位，有时候地位反而是体现价值的阻碍。

著名的古希腊寓言家伊索是一个奴隶，他相貌奇丑，但他从不小看自己，反而以自己的绝顶聪明赢得了自由之身。据说他的主人因为他的

第二章
你不能不明白：自己本来就是个小人物

丑陋，不肯在一个官员面前承认他是自己的奴隶，说他与自己一点儿关系也没有。于是伊索就请那位官员作证，要主人解除自己的奴隶身份，因为据他说自己与他一点儿关系也没有。主人赏识他这样敏捷的才智，答应了他的要求，从此，伊索成了一个自由乡民，他为我们留下了伟大的《伊索寓言》，赢得了后人的极大尊敬。

相反，英国哲学家培根为了保卫自己的地位而不惜反戈他从前的恩人，一连串的升迁使他终于爬到了大法官的高位。但是对于历史来说，他的价值却只体现在他被迫隐居的几年里所写作和编定的那些不朽的著作上。我们今天所知道和敬佩的是哲学家培根，并不是大法官培根。他自己也感叹过，后悔没有及早退出官场，来做那份了不起的工作。

其实，大家都知道，任何伟大的成就都是平凡人从平凡的工作上起步的。**地位是一个人某种能力或权力的体现，却不是其人生价值的全部体现。处于高位者有其处于高位的难处，而处于低位的往往具有处于高位者所不具备的大境界。**

一个人无论地位高低，都要清醒地认识自己。地位高的人容易认为自己很了不起，其实未必；地位低的人容易自暴自弃，其实不必；虽然我们不能说人的尊严与社会地位毫无关系，但如果把个人的尊严完全与社会地位联系在一起，只知道从社会地位中去寻找个人尊严，毫无疑问也是错误的。

5．学会欣赏自己的美好

不能不明白的道理：

　　如果我们为人正直，工作勤奋，就会得到人们的称颂；然而得到自己的赞许却有百倍的意义。遗憾的是，得到自己赞许的途径至今尚未找到。

——［美国］马克·吐温

　　也许你想成为太阳，可你却只是一颗星辰；也许你想成为大树，可你却只是一株小草；也许你想成为大河，可你却只是一泓山溪……于是，你很自卑。很自卑的你总以为命运在捉弄自己。其实，你不必这样：欣赏别人的时候，一切都好；审视自己的时候，却总是很糟。和别人一样，你也是一道风景，也有阳光，也有空气，也有寒来暑往，甚至有别人未曾见过的一株春草，甚至有别人未曾听过的一阵虫鸣……做不了太阳，就做星辰，让自己的星座，发热发光；做不了大树，就做小草，以自己的绿色装点希望；做不了伟人，就做实在的小人物，平凡并不可卑，关键的是必须扮演好自己的角色。

　　不必总是欣赏别人，也欣赏一下自己吧，你会发现，天空一样高远，大地一样广大，自己有比别人更美好的地方。

　　有个小男孩头戴球帽，手拿球棒与棒球，全副武装地走到自家后院。

　　"我是世上最伟大的击球手。"他自信地说完后，便将球往空中一扔，然后用力挥棒，但却没打中。他毫不气馁，继续将球拾起，又往空

第二章

你不能不明白：自己本来就是个小人物

中一扔，然后大喊一声："我是最厉害的击球手。"他再次挥棒，可惜仍是落空。他愣了半晌，然后仔仔细细地将球棒与棒球检查了一番之后，他又试一次，这次他仍告诉自己："我是最杰出的击球手。"然而他第三次的尝试还是挥棒落空。

"哇！"他突然跳了起来，"我真是一流的投手。"

看了上面的这个小故事，你是一笑置之，还是有所感触呢？故事中的男孩勇于尝试，能不断给自己打气、加油，充满信心，虽然仍是失败，但是，他并没有自暴自弃，没有任何抱怨，反而能从另一种角度"欣赏自己"。

生活中大多数人都习惯自怜自艾、自我批判，他们最常说的是"我身材难看"，"我能力太差"，"我总是做错事"……他们总是学不会像那个小男孩一样，换个角度欣赏自己，这都是由于自卑心理作祟。自卑心理所造成的最大问题是：你总是在斤斤计较你的平凡，你总是在想方设法证明你的失败，每一天你都在为自己的想法找证据，结果你越来越觉得自己平凡、渺小，处处不如人。一个值得思考的问题是：为什么你知道这样做会使人生更灰暗、负面的感觉更多，更不知道珍惜人生的天赋美好，却还是坚持执迷不悟。**我们都是芸芸众生中的一员，都是平凡的小人物，但我们也有比别人美好的地方，所以千万不要自贬身价。**

关于欣赏自己，古人早就有"懂得欣赏自己，才会有生活之乐趣"这一说。而今，社会又流行"若连自己都不欣赏，那你又怎么会懂得欣赏别人呢"？这些，都说明了懂得欣赏自己的重要性。曾经，我们将欣赏的目光太多地投向了那些光彩照人的"星"，歌星、球星……喜其所喜，忧其所忧，为他们而魂牵梦萦，痴狂而无法自拔。在欣赏中将自己放在那被遗忘的角落，忽略了一道迷人而实在的风景线——自己。

欣赏自己，没有超凡的聪颖，却不乏执著和勤奋；欣赏自己，在钦佩别人的时候，始终没有忘却自我的坐标；欣赏自己，在挫折面前没有叹息和抱怨，只有更加奋然前进的勇气。欣赏自己，更多的是肯定自己，但绝不是那种自以为是的孤芳自赏，更不是欣赏自己的缺点与错误；欣赏自己，是让自己有信心地走向生活，把一串串美丽的梦想变成神奇的现实，把一个个平淡的日子装扮得五彩缤纷。

如果一个人对自己都不欣赏，连自己都看不起，那么，这个人怎么还有自强、自信、自爱、自省呢？你也许曾埋怨过自己不是名门出身，你也许曾苦恼过自己命运中的波折，你也许曾叹惋过自己行程中的坎坷。可是，你有没有正视过自己？对于一个生活的强者而言，出身只是一种符号，它和成功没有丝毫瓜葛，你又何必为此而斤斤计较？命运又不是池塘的水，又岂能无忧无虑、平静无波？生命的行程中如果没有顽石的阻挡，又怎能激起美丽的浪花朵朵？

平日里，我们只顾风尘满面地在尘世间奔波，步履匆匆，眼睛总是在看着别人的美好，因此一不小心就忘了欣赏自己，命运是公正无私的，它给谁的都不会太多，多欣赏自己，你就会发现生活是如此美好，你的生活是如此幸福。

6. 缺憾也是一种美

不能不明白的道理：

一个被劈去了一小片的圆想要找回一个完整的自己，到处找寻着自己的碎片。由于它的不完整而滚动得非常慢，也因而领略了沿途鲜花的美丽，它和虫子们聊天，它充分感受阳光的温暖。它找到了许多不同的碎片，但都不是原来那一块。它坚持着找寻……直到有一天，它实现了

第二章

你不能不明白：自己本来就是个小人物

自己的愿望。然而，成了一个完整的圆后，它滚得太快了，错过了花开的时节，忽略了虫子……当它意识到这一切时，它毅然放弃了历尽千辛万苦找回的碎片。

庄子讲过一个故事：

有一个叫支离疏的人，脸部隐藏在肚脐下，肩膀比头顶高，颈后的发髻朝天，五脏的血管向上，两条大腿和胸旁肋骨相并。替人家缝洗衣服，足可过活；替人家簸米筛糠，足可养十口人；政府征兵时，他摇摆游离于其间；政府征夫时，他因残疾而免去劳役；政府放赈救济贫病时，他可以领到三斗米和十捆柴。

"支离疏"意即形体支离不全。庄子写这个人时没有提到他的名字，想必是因为这个人的真名在当时就已经被人遗忘，而只保留下"残疾人"这个绰号了。在我们眼里，这个人是很惨的，可庄子却告诉我们说，残缺也许是福。人活在世间，不如意事十有八九，谁能事事顺心呢？其实人生从来不曾完美，人生就是这样子，永远是缺憾的。人的世界本来就有诸多缺憾，不完美才是完美，太完美了就是缺陷。**我们总是生活在种种缺憾中，缺憾是与生俱来的，没有缺憾就意味着圆满，圆满也意味着停滞，到达了终点。**因为圆满，会使人失去了"咬牙切齿"奋斗的劲头。如此，圆满反而成了一个最大的缺憾了。失去断臂的维纳斯，她的美不仅征服了西方也征服了东方。曾几何时，多少艺术家绞尽脑汁，想为她重塑双臂，然而，欲成其美，适得其反。许多悲剧之所以那么耐人寻味就在于它的缺憾，留给观看的人很大的思考余地。正如狄德罗所说："如果世界上一切都是十全十美的，那便没有十全十美的东西了。"月亮因为有阴晴圆缺，所以才那么丰富多彩。卓越、出色者并非完美，奇才常常有大缺憾。著名影星玛丽莲·梦露，有人说她脸太短，身体则丰满得有点偏胖，然而她却被评为20世纪最美的女人。

　　在美国，《独立宣言》是广受尊重的历史文件，《独立宣言》的原件珍藏于华盛顿国家档案馆，是美国的无价之宝。然而这样一份神圣的、庄严的文件，有谁能料到，其中竟有两处"缺憾"。原来，当初这份文件成稿以后，大家发现遗漏了两个字母，没有人认为应该重新抄写一遍，只是在行间把这两个字母加了上去，并打上了"∧"的脱字符号。在上面签字的56名美国精英，并未因此认为这有辱这份赋予国家自由的文件的圣洁。《独立宣言》文字简约，篇幅不长，重新抄写得工整漂亮并不难做到。别说这样重要的文件，就是一份普通的公文也有多少人为之而斤斤计较，但这种细枝末节的完美于问题的实质有无影响呢？值不值得把宝贵的时间精力花费在这上面呢？56名胸怀全局、不拘小节、务实而又浪漫的精英们签下自己的大名，就迅速去为文件的内容而奋斗了。世界上完美无缺的文件很多，但成为国宝的有几件呢？形式上的细枝末节再完善，也不过是个形式而已，内容如何、执行的情况如何才是一份文件的价值所在。

　　你的生活中是不是也有缺憾呢？还在为它而烦恼吗？要想寻求到快乐，就必须学会放弃完美。人生的真谛，往往不是寄予"歌舞升平"的繁华，也非蕴于"平步青云"的惬意，更不在乎"儿孙满堂"的完美，从某种意义上说，一个完美的人是可怜的。他永远无法体会有所追求、有所希冀的感受，他无法体会他所爱的人带给他一份一直追求而得不到的东西的喜悦。没有缺憾，人生将变成一个痴迷、狂欢的舞台。一个有勇气放弃他无法实现的梦想的人是完整的，因为他们抵御了利欲的冲击。

　　世界上的人都在拼命地追求完美，当他们勉强将一件事做到尽善尽美后，可马上又会出现新的问题，他们只好再拆了东墙补西墙，直到把自己的生活弄得一团糟，既然缺憾是无法从根本上改变的，那我们何不笑对缺憾，尽可能地从缺憾中获得快乐呢？

第二章
你不能不明白：自己本来就是个小人物

7. 珍惜自己已得到的幸福

不能不明白的道理：

所有一切属于生活的东西都属于幸福。因为生活（自然是无匮乏的生活、健康和正常的生活）和幸福原来就是一个东西。

——［德国］费尔巴哈

人们往往喜欢梦幻中的虚设，不停追寻着某种不实在，而忽略了周围的一切；其实最真的生活、最大的幸福，常常就在我们身边，而大多数人都不自知。

一个20出头的年轻小伙子急匆匆地走在路上，对路边的景色与过往行人全然不顾。

有个人拦住了他，问："小伙子，你为何行色匆匆啊？"

小伙子头也不回，飞快地向前跑着，只泛泛地甩了一句："别拦我，我在寻求幸福呢！"

转眼20年过去了，小伙子已变成了中年人，他依然在人生的路上疾驰。

又有一个人拦住他："喂，伙计，你在忙什么呀？"

"别拦我，我正在寻求幸福。"变成中年人的小伙子仍然急匆匆地回答。

又是20年过去了，这个中年人已经变成了一个面色憔悴、老眼昏花的老头儿，还在路上挣扎着向前挪。

一个人拦住他："老头子，还在寻找你的幸福吗？"

"是啊。"他焦急而无奈地答道。

当老头回答完这个人的问话后，不经意地向后看了一眼，他猛地一惊，一行热泪滚了下来。原来刚问他问题的那个人，就是幸福之神啊。他寻找了一辈子，可幸福之神实际上就在他旁边。

年轻时，不知道什么是幸福，什么是生活，总以为幸福在别处，别处才是自己的归宿，总盼望着别处不同的生活，总以为那未知的生活一定是好的，所以不停地追寻，直到有一天猛然发现幸福原来就在这里、就在此时。享受自身的生活，享受各种甜、酸、苦、辣，才是生命的真谛。

幸福不在别处，幸福就在你身边，在日复一日的单调劳作中，在一日三餐的清茶淡饭中。

一位哲人曾说过：我为了寻求幸福，走遍了整个大地。我夜以继日、不知疲倦地寻找这幸福。有一次，当我已完全丧失了找到它的希望时，我内心的一个声音对我说，这种幸福就在你自身。我听从了这个声音，于是找到真正的、至死不渝的幸福。只有在所有的都看来是幸福和善的，才是真正的幸福和善。因此，只能期望得到符合于共同幸福的东西。谁为了这个目的努力——谁就将为自己赢得幸福。

我们都在寻找幸福的使者，她在哪儿？她就在我们身上。

"真正的幸福之源就在我们自身，对于一个善于理解幸福的人，旁人无论如何也不能使他真正潦倒。"卢梭如是说。

一位少妇回家向母亲倾诉，说婚姻很是糟糕，丈夫既没有很多的钱，也没有好的职业，生活总是周而复始，单调乏味。母亲笑着问，你们在一起的时间多吗？女儿说："太多了。"母亲说："当年，你父亲上战场，我每日期盼的是他能早日从战场上凯旋，与他整日厮守，可惜——他在一次战斗中牺牲了，再也没有能够回来，我真羡慕你们能够朝夕相处。"母亲沧桑的老泪一滴滴掉下来，渐渐地，女儿仿佛明白了

第二章
你不能不明白：自己本来就是个小人物

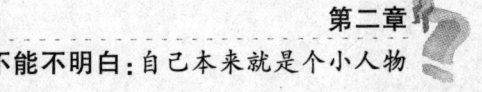

什么。

我们在追求着幸福，幸福也时刻伴随着我们。只不过很多时候，我们身处幸福的山中，在远近高低的不同角度看到的总是别人的幸福风景，往往没有悉心感受自己所拥有的幸福天地。如果人生是一次长途旅行，那么，只顾盲目地寻找终点在何处，将要失去多少沿途的风景？

曾经在某杂志中看到这样一段有趣的小文字，如果你和文中列举的数字对照一下，就会发现自己简直幸福得像生活在天堂中一样：

假如将全世界各种族的人口按一个100人的村庄且按比例来计算的话，那么，这个村庄将有：57名亚洲人；21名欧洲人；14名美洲人（包括拉丁美洲）；8名非洲人；52名女人和48名男人；30名白人和70名非白人；30名基督教徒和70名非基督教徒；89名异性恋者和11名同性恋者；6人拥有全村财富的89%，而这6人均来自美国；80人住房条件不好；70人为文盲；50人营养不良；一人正在死亡；一人正在出生；一人拥有电脑；一人拥有大学文凭。

如果我们以这种方式认识世界，那么忍耐与理解则变得再明显不过了。

也请记住下列信息：

如果今天早上你起床时身体健康，没有疾病，那么你比其他几百万人更幸运，他们甚至看不到下周的太阳了；

如果你从未尝试过战争的危险、牢狱的孤独、酷刑的折磨和饥饿的滋味，那么你的处境比其他5亿人更好；

如果你能随便进出教堂或寺庙而没有任何被恐吓、暴行和杀害的危险，那么你比其他30亿人更有运气；

如果你的冰箱里有食物，身上有衣可穿，有房可住及有床可睡，那么你比世上75%的人更富有；

如果你在银行里有存款，钱包里有现金，盒子里有零钱，那么你属于世上8%最幸运之人；

如果你父母双全，没有离异，且同时满足上面的这些条件，那么你的确是那种很稀有的地球之人。

其实幸福是一种自我感觉，跟别人、跟一切物质条件都没有必然的联系。你若渴了，水就是幸福；你若累了，床便是幸福，珍惜你所拥有的一切吧！简简单单的生活就是你最大的幸福。

第三章

你不能不明白：每个人都有自私的一面

很多人都相信，"朋友如手足"，"出门靠朋友"……但是我们也应该明白，每个人包括我们自己都有自私的一面，事过境迁、爽信食言者比比皆是，忘恩负义以怨报德者又算什么稀罕。吃喝一家的是朋友，趣味相投的是知己，亲密无间的是知音，合作共谋的是莫逆。平日里大家把酒言欢，但一旦触动了个别人的根本利益，个别人也会给你来个"翻脸不认人"。所以不要太相信别人，多一点防人之心总是不会错的。

1. 未可全抛一片心

不能不明白的道理：

没有弄清对方的底细之前，绝不能掏出你的心来。

——［法国］巴尔扎克

每个人都渴望有一个知心的朋友，但人性是复杂的，知人知面难知心。当你真心实意地去对待别人时，很可能会遭到对方的欺骗或背叛，所以与人交往时还是保留一份戒心吧！

一只母野鸭和一条大花蛇成了邻居，野鸭非常热心，它想"远亲不如近邻"，搞好邻里关系，有事彼此还可以照顾着点儿，于是它就经常给大花蛇送点点心什么的，大花蛇对野鸭也很热情，一口一个"大姐"，嘴甜着呢！一段时间后，野鸭当妈妈了，六个小野鸭在窝里跑来跑去，可爱极了。附近的食物吃得差不多了，野鸭妈妈想去远处给孩子们找食物，但又担心孩子的安全，正在为难时，大花蛇跑了来，自告奋勇地要照顾小野鸭："大姐，你去找食物吧！我帮你看着孩子！你看它们多可爱呀，我这个当舅舅的一定要照顾好它们！"野鸭妈妈听信了花蛇的话，就放心地飞走了。傍晚，野鸭妈妈满载而归，可是窝里却是空空的。小宝宝们哪里去了？野鸭妈妈放下食物，就赶快去找邻居花蛇，一进门就看到花蛇躺在床上，肚子鼓鼓的，嘴边还沾着小野鸭的羽毛呢！野鸭妈妈愤怒地哭骂起来，花蛇却无赖地拍拍肚子说："大姐，别哭了，说真的，你什么时候再生一窝，味道好极了！"

野鸭会失去孩子就是因为她太早撤去了对朋友的戒心，竟然在不了

第三章

你不能不明白：每个人都有自私的一面

解花蛇本性的情况下，就将自己的孩子托付给它。有的人可能会觉得野鸭傻的可笑，但在生活中，也有不少人会犯类似的错误。

段磊是一个开朗、热情、待人真诚的人，大学刚毕业，他被分配到一个工厂的计算机机房工作。在那里他的年龄最小，又为人诚恳，他把每一个人都看做是自己的朋友。有一次，单位将一个软件设计的任务交给了他的带班师傅，他的这位师傅30来岁，看上去挺和善的，段磊对他丝毫没有防备意识，所以有什么话和事都对他说，包括家里的有些事情。那一次设计，他搞了好长时间也没能弄出来，当时段磊看在眼里，就想到自己曾经接触过这类设计，便毫无保留地说出了自己的思路，还让他上自己的家里一块研究、上机。后来设计成功了，大家都很高兴。可是，在宣布"有功者"时，却没有段磊的名字。

老祖宗一再告诫我们"逢人只说三分话，未可全抛一片心"，但社会上却还是有很多像段磊这样不知江湖险恶的年轻人，跟人家还没有接触多久，就把自己的"真心"交了出去，如果侥幸碰上的是诚实可靠的人，你把"老底"抖给了对方，对方可能会因此和你结成好友，但如果你像段磊一样碰上的是一个老于世故的人，你的真心就会被人利用。所以如果和人初次见面，或才见过几次面，就算你们一见如故，也不应该一下子就把你的心掏出来，也就是说：对还不了解的人，无论说话还是办事，都要有所保留。

友谊的发展都是渐进式的，与其一下子掏出心来，还不如慢慢观察对方，有了了解之后再交心。你可以不虚伪，坦坦荡荡，但绝不能太快把感情投入进去，给自己多留一点时间思考，会让你更好地保护自己。初入社会的年轻人尤其要注意这一点，因为有人会故意利用年轻人的真诚和热情打歪主意。他们会把自己打扮成一个亲切的长辈，几句话就会让你把心掏出来，而他们或者是不"掏心"给你，或者干脆掏一颗"假心"给你，等你走进他们的圈套，你的日子就不好过了。

在待人处世中，对刚认识的人尤其是对那些摸不清底细的人，千万不要轻易"交心"，对他们太过老实厚道，吃亏受伤害的将是你自己。

2. 人性里悲哀的一面

不能不明白的道理：

阿拉斯加早春的一天，爱斯基摩族渔村的一个小伙子捕到了一条鲸鱼。他知道住在另一个村里已出嫁的姐姐生活也很困难，就让自己的妻子去通知姐姐，过来吃一顿。正巧他姐姐那天钓到了一些小鳕鱼，正坐在桌边吃着，一抬头看到弟妹从远处走来，生怕是弟弟派来借粮的，便一口把那些鱼全吞了下去。等弟妹说明来意，她便跟着弟妹高兴地走了，但半路上哽在喉咙里的鱼刺实在咽不下，她被活活噎死了。

人性里有很多缺陷，自私就是最令人觉得悲哀的一个。自私的人凡事都想着自己，不顾别人，然而这样的人是很难在社会上立足的。

善民村有个农夫，他对佛非常虔诚。他的妻子因病去世后，他就请来了当地最著名的禅师为亡妻诵经超度。佛事完毕之后，农夫问道："禅师！你认为我的亡妻能从这次佛事中得到多少利益呢？"

禅师照实说道："当然！佛法如慈航普度，如日光遍照，不只是你的亡妻可以得到利益，一切有情众生无不得益呀。"

农夫不满意地说："可是我的亡妻是非常娇弱的，其他众生也许会占她便宜，把她的功德夺去。能否请您只单单为她诵经超度，不要回向给其他的众生。"

禅师慨叹农夫的自私，但仍慈悲地开导："回转自己的功德以趋向

第三章
你不能不明白：每个人都有自私的一面

他人，使每一众生均沾法益，是个很讨巧的修持法门。'回向'有回事向理、回因向果、回小向大的内容，就如一光不是照耀一人，一光可以照耀大众，就如天上太阳一个，万物皆蒙照耀；一粒种子可以生长万千果实，你应该用你发心点燃的这一支蜡烛，去引燃千千万万支的蜡烛，不仅光亮增加百千万倍，本身的这支蜡烛，并不因而减少亮光。如果人人都能抱有如此观念，则我们微小的自身，常会因千千万万人的回向，而蒙受很多的功德，何乐而不为呢？故我们佛教徒应该平等看待一切众生！"

农夫仍然顽固地说："这个教义虽然很好，但还是要请禅师为我破个例吧。我有一位邻居张小眼儿，他经常欺负我、害我，我恨死他了。所以，如果禅师能把他从一切有情众生中除去，那该有多好呀！"

禅师以严厉的口吻说道："既曰一切，何有除外？"

听了禅师的话，农夫更觉茫然，若有所失。

人性之自私、计较、狭隘，在这位农夫身上表露无疑。只要自己快乐，自己能有所得，根本不管他人的死活！殊不知别人都在受苦受难，自己怎能一个人独享呢？世间万物，都是有事理两面的，事相上有多少、有差别，但在道理上则无多少、无差别，一切众生都是平等的。自私常会导致恶果，不肯和人一起分享只会让你失去更多。

有一个村庄坐落在海边，村民们平时务农，有时也到海里捕鱼。

一天，村里的一位渔夫带着儿子来到与海相通的大湖边。他想，这个湖既然与海相通，可能会有很多鱼，于是他就在湖边开始钓鱼。他刚把钓钩扔进湖里，就钩住一个很重的东西，用力拉也拉不动。"看来是钓到一条大鱼了！"他兴奋地想着，不过又想："这么大的一条鱼，如果把它钓起来，被别人看到的话，大家肯定都会跑这里来钓鱼，那么湖里的鱼很快就会被别人钓完了，所以还是不要告诉别人的好。"

这位渔夫想了一会儿，便告诉儿子："你赶快回去告诉你妈妈，说爸爸钓到了一条很大的鱼，为了不让别人发现，要妈妈想办法和村里的人吵架，吸引大家的注意力，这样就不会有人发现我钓到了一条大鱼。"

儿子很听话地跑回去告诉了妈妈，妈妈心想："只是和人吵架根本无法吸引全村所有人注意，我还是想点更好的办法吧。"于是她就把衣服剪出了很多洞，把儿子的衣服当帽子戴，还用墨把眼睛的周围擦得黑黑的，对于自己的扮相她很满意，便离开家在村子里走来走去。

邻居看到她，惊讶地说："你怎么变成这个样子，是不是发疯了？"

她便开始大吼大叫："我才没有发疯！你怎么可以这样侮辱我，我要抓你去村长那里，我要叫村长罚你的钱！"

村民们看到他们拉拉扯扯吵得很厉害，就都跟着来到村长家，看看村长如何判决。

村长听完他们各自的说辞，便对渔夫的妻子说道："你的样子的确很奇怪，不论是谁看了都会问你是不是疯了，所以他不用受罚，该罚的是你！因为你故意打扮得怪模怪样还这样大吵大闹，严重扰乱了村民的生活。"

另外，湖边的渔夫在儿子跑回家之后，用力拉钓竿想把鱼拉上来，可是怎么拉也拉不动，他怕再用力会把鱼线拉断，便干脆脱光衣服跳进湖里去抓那条大鱼。

当他潜入湖里，仔细一看，才发现原来鱼钩是被湖底的树枝钩住，根本就不是钓到什么鱼！他非常地气恼，更为严重的后果是，当他伸手拨开树枝，不料钓钩反弹起来刺伤了他的眼睛！他强忍剧痛爬上岸来，又湿又冷，但是衣服又不知道什么时候被人偷走了，他只好光着身子沿路回村求救。

这对夫妻自私的想独占一湖的鱼，却弄得丈夫被刺伤，妻子要被罚钱，最后他们却一条鱼也没有得到，反而给人留下了笑柄。**懂得分享的人，才能拥有一切**，当你张开双手的时候，无限世界都是你的，如果你

第三章
你不能不明白：每个人都有自私的一面

握紧拳头，你所能拥有的就只有掌心一点点的空间。过份在意自己的所有，不肯与人分享，无视他人处在困苦之中的人，终究也会被他人抛弃。

生活中，有很多只为自己活着的人，他们不肯为别人的生活提供便利，更不肯为别人放弃自己的一点点利益，像这样的人，别人也一定不会愿意为他提供便利。我们生活在一个联系越来越紧密的世界上，有时候帮助别人就是在帮助自己，任何人都无法孤立地生活，自私的人，最后一定会因为自己的自私而受到伤害。

每个人都有自私的一面，这是人天性中的缺陷，这种缺陷并不是无药可救的，我们应该时刻想着：自己对别人的态度，就是别人对自己的态度，如果我们因为自私而抛弃别人，那别人也一定会抛弃我们！

3. 靠朋友别靠到了冰山上

不能不明白的道理：

白菜和菜刀成了好朋友，菜刀对白菜说："为了朋友我愿上刀山、下油锅。你放心，谁敢欺负你，我就和它玩命！"白菜非常高兴自己找到了一个好朋友。过了几天，白菜被人拎到了案子上，菜刀高高地举了起来。"不要啊！你怎么能这样对我？""嘿嘿，我都肯为你下油锅，你就为我牺牲一下吧！"菜刀说完，就剁了下去。

俗话说"出门靠朋友"，然而也并不是所有的朋友都可以让你安心地去"靠"，选择朋友时还是要仔细甄别，免得一不小心靠在了"冰山"上。

宁韵是在2000年去英国的，可是初到英国，不仅人地两生，语言也不过关。她那一点可怜的英语连找工作所必须的几句话都说不清楚。她多么想在异国他乡能遇见一个中国人，特别是能够帮助她一下的中国人啊！一周后，她就真的遇见了一个高中时的同学。所谓"久旱逢甘霖，他乡遇故知"，宁韵当时十分激动。

她这个老同学非常热情，给宁韵介绍英国的情况，帮她办理许多该办的事务。当然了，这些日子的吃饭等花销都由宁韵包了。宁韵非常信任他，他说帮她去办事，她就把信用卡交给他。卡里的钱在迅速减少。老同学解释说，英国不比国内，各种费用都高。宁韵虽然心中叫苦，但还得感谢他，因为宁韵如果自己去办，只能像一只无头苍蝇四处乱碰。渐渐地，宁韵对一些事情熟悉了，及至自己去办时，才发现费用并不像他说的那样高。可他还三天两头来她这里，吃点喝点倒还算了，买他自己的东西，也用她的信用卡。她越来越觉得这个朋友有点靠不住，有点不够朋友，于是决定找个机会和他中断来往。

一天，他照例来吃来喝，宁韵就拿出300英镑，对他说："谢谢你帮了我许多忙。这点钱算是我对你辛劳的一点补偿。我现在情况大体熟悉了，你也有自己的事情要忙，就暂时不再麻烦你了。如果需要时，我再和你联系。"宁韵给他的钱是在她打听了那里的行情后计算的，并有意算得相当富裕，以此感谢他在她困难时帮了自己。

可是事情却出乎宁韵的意料。"我也正要和你提这个事呢，"他拿起钱数了数说："对不起，你这钱太少了。这些日子，我一直为你的事奔忙，自己的事情都搁了下来。你至少应当给我这个数的三倍。"

宁韵手里的钱已经所剩无几，哪里能拿得出他说的三倍来？

看着目瞪口呆的宁韵，他又提高声音说："如果现在没有也没关系。你可以打一张欠条。"

这也算朋友？简直就是一个无赖！宁韵一下觉得他是那样丑恶，那

48

第三章

你不能不明白：每个人都有自私的一面

样狰狞，那样厚颜无耻。但她没有骂出来，连委屈的泪水也没流下来。她只是从心底里默默地责备自己太相信"出门靠朋友"的格言了。眼下这一幕也许就是对自己轻信的一种惩罚吧。想到此，她毫不犹豫地给他打了一张欠条，然后打开门，示意他立马走人。他刚一出门，她就"砰"地一声狠狠地把门撞上。这时，她的泪水流了出来……

当人们刚接触一个新的环境时，面临的一切都是陌生的、不适应的，如果想在这里打拼生活，干一番事业，人际关系就成了非常重要的一环。对朋友的渴望也就因此产生，这就像一个口渴的人，急切地盼望有一杯清凉的水一样，这时如果一杯水送到你面前，恐怕你就会看也不看地倒进嘴里。故事中的女孩就是这样的情形，一个人孤身来到异国，突然碰到一个"故友"，她立刻就毫无保留地相信了对方。然而不是什么朋友都靠得住的，这个女孩就结结实实地靠了一回冰山。被骗了钱不说，心理上还受到了很大打击。

出门在外如果能碰到一个伸手相帮的热血知己，的确是一大快事，但事实上可靠的朋友是有条件的，有了朋友的称呼也未必是真正的朋友。如果你因为人家的热情就完全放下了戒心，那么掉进阴沟里也就不值得大惊小怪了。

出门在外，一定要多加提防，对不熟悉、相交不深的朋友还是留点戒心，没有判断清楚前，千万不要轻易"靠"上去，免得"冻伤"了自己。

4. 小心嫉妒的冷箭

不能不明白的道理：

卑劣的人比不上别人的品德，便会对那人竭力诽谤，嫉妒的小人诽谤别人的优点，来到那人面前又会哑口无言。

——［伊朗］萨迪

嫉妒他人是一种普遍的心理现象，几乎每个人或多或少都存在一些嫉妒心理，嫉妒常常会让人做出一些疯狂的事，所以你不仅要克制自己的嫉妒心，而且还要提防别人对你的嫉妒，免得受伤害。

张某和乔某毕业于同一所师范大学，20世纪80年代中期两人又都去了同一所高中任教，因为这层关系，两人一直相处得不错。2003年，学校领导班子进行了一次调整，乔某被提拔为学工处处长，但张某却被任命为主管教学的副校长，从那以来，乔某对张某说起话来就有点阴阳怪气的，从他那一声"张副校长"里，张某听出了他的不高兴。张某也不高兴："我当副校长是大家选的，又不是搞小动作弄来的，有怨气就去找教育局，凭什么我该看你的脸色啊？"从此以后，张某就跟乔某疏远起来，再也不像以前那样说说笑笑了。一段时间后，学校里突然传出了一些关于张某的流言飞语："抓教学不力、为人小气，几年前和学校的一位女实习教师有过一段暧昧的感情……"张某气得浑身发抖，他知道这是乔某传出来的。这些流言惊动了教育局领导，局长几次找张某谈话。无奈，没过多久张某就办病退离开了学校。

真正的朋友是会为对方的成绩而高兴，嫉妒心强的人往往会为对方

第三章
你不能不明白：每个人都有自私的一面

的提拔、重用而不平衡。凭什么提拔的是他而不是我？他不就这样吗？你和妒忌者交往越密切，他越不平衡。因为，他知道你的"底细"不过如此；而你又是很平等的交往，他很难接受这种位置的变化。男人都有很强的好胜心、事业心，他看到别人的成就，强烈的感觉到自己的挫败。

有人的地方就少不了嫉妒，理解他人的嫉妒心理，也是保护自己不被伤害的先决条件。比如在这个故事中，张某应该想到，两人是大学同学，你晋升为副校长，乔某却只在你的手下当一名处长，其实他的学识、能力、经验等与你相比，并没有很大距离，他心里不平这也是人之常情。所以应该尽量理解他，在此基础上再采取相应办法，以便减弱他的嫉妒。

但张某是怎么做的呢？他一发现乔某的嫉妒就立刻怒火冲天，甚至还故意疏远乔某，他这样做就好像是火上浇油，让乔某的妒火越烧越旺了，结果张某终于中了那只名叫"嫉妒"的冷箭，不得不含恨引退。

嫉妒心强的人感觉到你明显超过他的时候，或者将有升迁机会，他就会设置种种障碍，鸡蛋里挑骨头。他们正是要借助挑刺的方式贬低你所取得的成绩和价值，从而达到否定你的目的，嫉妒的恶性膨胀将会构成巨大的阻力，阻挡你获得更大的成功。如果，嫉妒心强的人就在你的社交圈里，他就更容易打击、迫害、中伤你。所以我们千万不能小看嫉妒的危害，为了努力避开嫉妒的冷箭，我们不妨试试以下几点策略：

（1）削弱嫉妒心理

一个天生丽质或才干出众的人，本来就令人羡慕，若锋芒毕露、咄咄逼人，嫉妒的人就更多了，更容易使自己成为注目的对象。因此，不如对自己来些调侃、揶揄或自我嘲讽，并在一些不重要的场合故意给别人一些溢美之辞，以此削弱对方的嫉妒心。

（2）化解嫉妒之情

对嫉妒的人，不必针锋相对，因为他嫉妒你，你就比他强。所以，你完全可以宽容大度，与之友好相处，并给予他尽可能的关心和帮助，在一定程度上可以化解一部分嫉妒心理。

（3）对嫉妒冷处理

对于妒火过盛者，无论你如何宽容友好，恐怕也无济于事。在这种情况下，最好的办法是不加理睬，"无言是最大的蔑视"，如果站出来辩解，对这种人只会起火上浇油的作用。所以，对无法消除的嫉妒，不加理睬，让嫉妒者自己去折腾。

男人嫉妒他人的智力优势；女人嫉妒别人的美貌绝伦；职场上嫉妒他人青云直上；市井中嫉妒别人生财有道。**嫉妒在生活中似乎是无处不在的，所以你应该多多钻研战胜嫉妒之道，免得一下不小心就成了别人嫉妒枪口下的靶子。**

5. 长舌人会咬人

不能不明白的道理：

一只兔子在草丛里发现了一只玻璃球，这件事正巧被乌鸦看到了："兔子捡了个宝贝！兔子捡了个宝贝！"乌鸦把这件事告诉了森林中的每一个动物，兔子被大家追得东逃西窜，尽管它已经扔掉了玻璃球，但还是被狐狸咬死了！

生活中我们常会碰到这样一种人：他们到处散布别人的流言飞语，有时候可能是因为你得罪了他们，但有时候却是毫无理由地拿你练

第三章
你不能不明白：每个人都有自私的一面

舌头。

谢冰为人善良，又十分要强。中专毕业后，她进了一家工厂。一进厂，厂里就组织她们一同进厂的 29 个女同事进行培训。四个月以后，只有谢冰一人分到科室工作，其他人全分到了车间。谢冰很高兴，在科室工作许多事要从头学起，她虚心向老同志请教，勤奋学习，细心观察别人对问题的处理方法。谢冰这个人不笨，脑子也比较灵，办事也有一定的能力。就在工作取得一定成绩的时候，她听到别人的议论，说她是靠不正当手段进科室的。他们这些无中生有的议论，给谢冰增添了很大的心理压力，她没有使用任何手段使自己分到科室工作，她自认为是凭自己的本事得到这一份工作的。可是"人言可畏"！自从听到传言之后，谢冰处处小心，感到孤独、烦恼，工作积极性不高，精力也很难集中起来，她该怎么办呢？

喜欢搬弄是非的人"嗅觉"敏锐，你工作出了点成绩、家庭出了点问题，甚至于多接几个电话都会成为他们的"材料"。"长舌人"就是要用流言飞语这把软刀子伤人，看着别人痛苦他才高兴，幸灾乐祸是人性中阴暗的一面。

对于流言，我们首先要提高认识，人与人之间产生一些误会，有一些流言是不奇怪的。特别是有些人，为了自己的利益，总想制造一些谣言来骚扰别人。如果你由此十分生气，甚至痛不欲生，那大可不必如此。

如果在事情发生以前，你有了充分的认识，那么在受到不公正待遇时就不会影响你的情绪和生活，同时也说明你是一个意志十分坚强、头脑十分清楚的人。要提高对流言飞语的认识，与那些喜欢搬弄是非的同事坦然相处。

事实上，有时候有些流言不容我们坦然处之，那些搬弄是非者散布某些流言不仅仅是因为闲着无聊，而是有一定目的的。

也正因为如此,我们对搬弄是非者应当区别对待,那就是要根据流言的性质和产生的影响程度,选择恰当的方法。

如果是一般的闲言碎语,那么就可以采取与对方交换意见、进行解释等方式。如果流言属于恶意诽谤的性质,而且证据确凿,那么,就应该诉诸法律。因为恶意诽谤者一般是不可能用交换意见的办法来解决的。

人们都觉得与搬弄是非者很难相处,其难点在于他抱怨太多而很少有你插话的机会。如果你能提前与这些无事生非者在某个共同的事情上进行交流与合作,那么通常是可以避免受到他伤害的。

在与搬弄是非者交往中,你可以采用以下的策略:

(1) 拒绝同流合污

与不同类型的人交往要有不同的表现形式。与比自己强的人交往,需要诚恳、虚心;与不如自己的人交往,需要谦和、平等。而和那些搬弄是非的人交往,则需要正直、坦荡。

拒绝答应对同事间的闲言碎语或是流言飞语保密,有问题就摆在桌面上,以便大家共同解决。认识事物要有正确的方法,要有一定的是非标准。一句话,就是看问题要全面,要有自己的解,要不偏不倚,不能偏听偏信。

背后议论别人是一种不道德的行为,帮助别人改正这种习惯也是应该的。帮助搬弄是非者改变这种恶习行之有效的方法是:尊重对方,以朋友式的姿态善意的规劝对方,要向他表示你的诚意和立场,适当的时候还要与他合作。再就是,想法巧妙地引导对方获得正确的认识人的方法。

(2) 冷淡回应对方

有些人搬弄是非的恶习已成为其性格特点,那么你就干脆不理睬他。

第三章
你不能不明白：每个人都有自私的一面

不要认为那些把是非告诉你的人是信任你的表现，他们很可能是希望从中得到更多的谈话材料，从你的反应中再编造故事。所以，聪明的人不会与这种人推心置腹。而令他远离你的办法，是对任何有关传闻反应冷淡、置之不理，不做回答。

（3）保持一定距离

有时候，尽管你听到关于自己的是非后感到愤慨，表面上你必须努力控制自己的情绪，保持头脑冷静、清醒。你可以这样回答："啊，是吗？人家有表示不满、发表意见的权利嘛。"或者说："谢谢你告诉我这个消息，请放心，我不会在意的。"如此，对方会感到无空子可钻，他也不会再来纠缠不休了。

如对方总是不厌其烦地把不利于你的是非辗转相告，以致对你的情绪造成莫大的负面影响，你应拒绝和他见面或不接他来的电话，此类人不宜过多交往。

"长舌人"为达目的不择手段，剑走偏锋，专拣一般人想不到的地方下手，而他们搬弄的是非也常会对你产生负面的影响，喜欢搬弄是非的人脸上没有标着记号，有的甚至还会以一副亲切的形象出现在你面前，所以你必须学会保护自己的隐私，提高警觉。

6. 笑脸背后可能藏着一把刀

不能不明白的道理：

一只苍蝇落在树叶上乘凉，正在这时一只绿色的螳螂朝它爬了过来，苍蝇警惕地瞪着它："站住，你要干什么？""嘿嘿！"螳螂咧开嘴笑了起来,"苍蝇妹子,别那么紧张嘛,我是想陪你聊聊天!你看你,啧啧啧,每天被人追来打去,太没天理了!你又没招谁惹谁!"这句话真说到苍蝇心里去了,就这样它们越聊越投机,苍蝇觉着螳螂亲切极了。它正想为自己的小心眼向螳螂道歉,突然觉得肚子一凉,螳螂已经用刀将苍蝇砍成了两段。

人际交往中的明争暗斗,往往披着美丽的外衣,你要是被迷惑住了,那就会一败涂地。比如《红楼梦》里的王熙凤,被人称为"明里一盆火,暗里一把刀",表面上对尤二姐客套亲切,背地里却玩弄各种手段,欲置尤二姐于死地,当然,"当面赔笑脸,背后捅刀子"多半都是因为竞争,王熙凤陷害尤二姐便是为了夺回丈夫的宠爱。所以当你和别人有了竞争关系后,应该做到心中有数才行。

老冯和老周是好朋友,也是相处不错的同事。他们公司的新经理制定了一个奖励措施,谁创效益最多将给一个特别奖,金额颇为可观。老冯非常希望获得这笔钱,因为他的孩子明年上大学急需要一笔钱;老周也对这笔钱看得很重,因为他爱人整天向他嘀咕谁的老公又挣了辆小车、谁的老公又升了一个职位……老周极其希望借着新经理的改革举措,在夫人面前扬眉吐气。老冯疯狂地跑业务,绞尽脑汁地联系,有时,也将自己的情况诉说给老周。老冯不相信同事之间会失去真诚和友谊,他认为几年来他俩已相处得挺好了。忽然间,老冯发现自己的一些客户都支支吾吾、言而无信了。他不明白为什么。有人告诉他,他的客户听说他是品行恶劣的人,喜欢擅自将商品掺假,自己从中获取非法利益……总之,关于他的谣传很多。年底的时候,老周获得了特别奖。老冯从老周的业绩单上顿悟过来了。他的嘴里不断地喃喃自语:怎么会这样?怎么会这样?

第三章

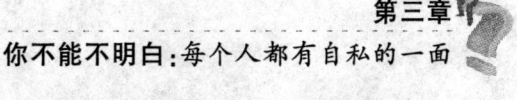

你不能不明白：每个人都有自私的一面

老冯的失误在于他没有认清这种对立矛盾的现状，反而盲目信任同事。在没有竞争的日子，也许的确能做到大家彼此相悦，其乐融融，一旦进入角斗场，角色就变成了有"对立矛盾"的人。

在竞争中，除非一方自愿放弃，否则，必然有刀光剑影的闪烁、明枪暗箭的中伤，令人防不胜防、难以回避。

当你棋逢对手时，你的情感、理智、道德、功利都遭遇最大的考验。当你想获得成功的时候，是否不遵守道德准则；当你坦诚地面对竞争者，对方是否正在利用你的善良和诚意进行攻击……

韩小姐讲述了一次令她伤心的经历：韩小姐中专毕业后混了几年，后来一个亲戚介绍她去了一家日用品公司做业务，在那里她认识了一个叫田眉的女孩，两人相处的很不错。由于韩小姐工作认真负责，办事能力强，口才又好，所以很受经理器重，几次在总结会上获得表扬。临近五一长假，总经理宣布要搞一个大型促销活动，并允诺谁如果表现出色就将获得提升。经理临走前意味深长地拍了拍韩小姐的肩，让她好好表现。散会后田眉热情地拉住韩小姐的手，说要跟韩小姐一组。韩小姐简直有点受宠若惊，她本来担心，田眉会因为经理器重她而不高兴，没想到田眉这么大方。经过一番努力，韩小姐负责的几家店都同意备货，只有一家超市只同意做短期促销。月底的一天，韩小姐和物流部约好，等那家超市9：00关门以后他们就开始进货，田眉自告奋勇负责进货。谁知9：40了车还没来，韩小姐急得直跺脚，商场负责人也很不高兴。一直到10：10车才赶到，但她们也只剩下了20分钟布置货物，车刚一到韩小姐就冲上去搬货，好不容易在20分钟内把货物都搬到展地布置好，超市负责人让她们赶快离开，可此时韩小姐还没来得及核数呢！田眉拿着接货单催促韩小姐签名，韩小姐犹豫地说："可是我还没有核数啊。"田眉笑了："不至于吧，我能害你吗？不相信的话我可以明天一早陪你点数！"韩小姐连忙说："田姐，我没那个意思，只是觉得不遵守工作程序心里不踏实。"韩小姐边说边接过货单签上了自己的名字。

　　回去的路上，田眉向韩小姐解释是因为车出了点故障，才迟到的，并说这一次韩小姐联系了这么多店，布置的又很妥当，一定会获得升职，并表示自己非常支持韩小姐，听了这些话，韩小姐对田眉充满了感激。

　　五一过后，休了两天假，回来后经理就把韩小姐叫去了，把进货量与退货量的单子以及商场销量表都抛向了韩小姐，说："你负责的那家超市丢了三千多元的货，你怎么解释？"

　　韩小姐一听傻了！忙拿起来一算果真丢了3400元的货。没有可能会这么多呀，韩小姐一下子意识到什么，向经理说了一句，我要去查一查，便快步走出了经理办公室。韩小姐找到了田眉，把她叫到了外面。问了她有关方面的情况。而她却笑着说道："我怎么会知道，数是你点的，字是你签的。"

　　这时，韩小姐已经意识到发生了什么事情。便火冒三丈地向她嚷道："我要将此事告诉经理。"

　　"你告到哪里我也不怕，白纸黑字是你签的。"说完，她便转头回了办公室。

　　韩小姐思考了很久，没有真凭实据，没办法，赔吧，总不能被人当贼吧。韩小姐将想法告诉了经理，他说要考虑一下。几天后他告诉韩小姐，他了解到了一些情况，不用韩小姐赔了，只要韩小姐今后好好工作作为补偿。

　　随后田眉没有来上过班，两个人也没有了联系。

　　这件事给韩小姐的教训就是：**处理任何事都不能不考虑出发点，做**

好利益上的平衡，在与自己有利益冲突的时候，一定要擦亮眼睛，不能光看到人家的笑脸，就忘乎所以。

　　厚黑大师李宗吾就曾对这种表面端笑脸、背后捅刀子的做法，做过一番评论："他们只要能达到自己的目的，别人亡身灭家，卖儿贴妇，都不会顾忌；他们的成功诀窍在于，凶字上面定要蒙一层仁义道德。""害人之心不可有，防人之心不可无"，我们不去向别人捅刀子，但也不能傻傻地等着别人害自己，这就要求我们要对这种阴险的人有所防备，拉起警戒网，不给对方机会出刀子。

7. 朋友"宰"你也没商量

不能不明白的道理：

> 一个倒霉至少有这么一点好处，可以认清谁是真正的朋友。
>
> ——［法国］巴尔扎克

　　别以为是朋友就一定会对你忠心耿耿，有的朋友说不定在什么时候就会捅你两刀，"宰"你一顿，比如素以仁义著称的刘备，就在关键时刻"宰"了昔日恩人吕布一刀（假曹操之手），一句话将吕布送去了鬼门关。

　　江苏的刘伟先生就曾被朋友狠狠地宰过几刀。刘先生属于最早"下海"的那批人之一。胆大心细的他在"海"里折腾了几年后，也开始有模有样地当起了大老板。刘先生最大的特点就是性格直爽、坦率，注重感情，好交朋友。在朋友之间，刘先生素有"侠义"的美名。应朋友所求，刘先生一次拿出几千几万是经常的事。应该说，人们之间互相关心、互相帮助，是理所当然的，而刘先生也经常得到朋友的帮助。他想：事业之所以有了发展，和别人的帮助是分不开的。所以，刘先生对朋友似乎有很深的感情，有时会做出一些令人不可思议的事来。正是这一点，被他人利用，从而，毁了刘先生的工厂，也毁了刘先生的事业。

2000年夏，刘先生的一位老客户也是他的老朋友孙某找到他，提出要一批风扇，但是要风扇卖出后才付款。按惯例，刘先生历来坚持"一手交钱、一手交货"，但觉得孙某是老熟人、老朋友，如果拒绝又担心伤了老朋友的感情。考虑再三，最后刘先生答应了孙某的要求，一次发出价值46万元的风扇，孙某表示：风扇脱手，立即付款。刘先生十分热情地代办托运，最后又将孙某送上了火车。谁知孙某一去不复返，几个月后，刘先生才开始寻找孙某的下落，竟一无所获，这时，刘先生才如梦初醒。原来，孙某就是一个专门以诈骗为业的骗子，他在取得了刘先生的信任之后轻而易举地骗得了价值46万元的货物，刘先生为此付出了惨重的代价。

毕竟老底深厚，这件事还未使刘先生伤元气，而另一件事却使他一败涂地。2002年10月，他的一位老同事、某商贸公司经理杜某找到他说，公司正在做一笔有巨额利润的大买卖，但公司资金周转不开，请刘先生做担保，从银行贷款。刘先生本不情愿，但又怎么能不给老朋友面子呢？见刘先生有些犹豫，杜某便详细介绍了自己有多大多大的赢利把握，保证到时一定及时偿还贷款，刘先生所做的只不过是签个字、盖个章而已。刘先生终于决定帮老朋友一把，杜一次从银行贷款290余万元。半年后，令刘先生想也不敢想的事情发生了，那家贷款的商贸公司因资不抵债而宣告破产，杜某携款逃跑，银行因无法收回贷款，向法院起诉了刘先生，结果让刘先生偿还欠款。

第三章

你不能不明白：每个人都有自私的一面

从此，刘先生一蹶不振，元气大伤，经营状况惨淡，连连亏损，终于，刘先生的工厂倒闭了。昔日腰缠万贯的刘先生背上了巨额债务。

有一点每个人都应该记住：有些人之所以愿意和你交往，很可能是因为你手中的金钱；有些人可能和你是朋友，但如果受到利益的驱使，他也很可能会动手"宰"你。刘先生的倒霉经历既不稀奇，也不罕见，现在社会上假借朋友关系，行骗、偷盗，甚至陷害的事数不胜数，手段之高，花样之多，实在令人防不胜防。

生活中，很多人也都曾被朋友"温柔"地宰过几刀，这种情况也常被称为"杀熟"。

吴小姐曾有一次这样的经历：吴小姐是一个小"白领"，有空总喜欢去一些服装市场"淘"衣服。有一个周末，吴小姐正在某服装市场里挑衣服时，突然被一个摊主叫住了，吴小姐仔细一看，对方竟然是自己初中时的好友陈敏，两人已经四五年没见了，吴小姐激动地握住陈敏的手，想起了过去两人在一起玩耍的情景，仿佛又回到了小时候。两人聊天时，吴小姐一抬头，看见墙上正挂着一件她想买的衣服，为了这件衣服她已经走了几家摊位，但因为要价太高没买，她想就在老同学这里买吧！便宜别人不如便宜同学。于是她连价钱也没问就让陈敏把衣服包了起来。"多少钱啊？"吴小姐一边问一边掏钱包，"都是老朋友了，就按进价算给你！130就好了！"陈敏的回答让吴小姐的手僵住了，因为在其他几个摊位，吴小姐都曾将价钱还到80元左右。吴小姐将钱放在柜台上，拿起包好的衣服轻轻说了句再见，陈敏也一定意识到了什么，她勉强地笑了一下。吴小姐再也没有去过这个服装市场，而两人虽然留了电话却也再没联系过。

友谊本是温暖人心、寄托人性的美好情愫，但吴小姐从友谊中得到的却是失望。她没想到自己竟然被朋友"杀熟"，这一"刀"虽然刺中的是她的钱包，但也伤了她的心。

朋友的刀是世界上最锋利的刀，他要宰你时，保证你连还手的余地都没有，因为朋友是相互理解的，是曾经敞开心扉的，是交流过情感和秘密的，最关键的是你对朋友没有基本的警觉心，对朋友你是不设防的，为了不被"宰"，你应该常常提醒自己：人都有自私的一面，利益交关时谁都要为自己着想，所以无论对谁，都还是有点防备比较好。

第四章

你不能不明白：不是什么人都按牌理出牌

在复杂的现实生活中，做人做事不能总按着自己的老思路走，因为不是所有的人都会按照牌理出牌，如果你一味老实认真，有时不但得不到好报，甚至还会吃大亏。所以你必须学会根据各种客观情况制订策略，因事而变，不要死守一法。

1. 要学处世先学会忍

不能不明白的道理：

荒山上有两块一模一样的石头，三年后其中的一块被做成英雄的雕像立在市中心，受人景仰，而另一块则被当做垫脚石铺在了雕像的下面。有一天垫脚石发起了牢骚："我们当年都是一样的，为什么你现在高高在上，我却要被人踩踏，太不公平了！""啊，老弟，这么说可不对呀！"石头雕像开了口，"还记得三年前吗？一个工匠要用刻刀、斧头雕刻你，你却不答应。而我，则忍受了一刀刀的疼痛才有了今天；如果你憎恨现在的样子，当初为什么不忍一忍呢？"

俗话说：忍字头上一把刀，一事当前忍为高。忍作为一种处世的学问，对于普通人来说是绝对不可缺少的，因为生活中我们会同形形色色的人打交道，也并不是所有的人在所有的时候都谦恭讲理的。

一次，在公共汽车上一个红头发的男青年往地上吐了一口痰，被乘务员看到了，对他说："同志，为了保持车内的清洁卫生，请不要随地吐痰。"没想到那男青年听后不仅没有道歉，反而破口大骂，说出一些不堪入耳的脏话，然后又狠狠地向地上连吐三口痰。那位乘务员是个女孩，此时气得面色涨红，眼泪在眼圈里直转。车上的乘客议论纷纷，有为乘务员抱不平的，有帮着那个男青年起哄的，也有挤过来看热闹的。大家都关心事态如何发展，有人悄悄说快告诉司机把车开到公安局去，免得一会儿在车上打起来。没想到那位女乘务员定了定神，平静地看了看那位男青年，对大伙说："没什么事，请大家回座

第四章

你不能不明白：不是什么人都按牌理出牌

位坐好，以免摔倒。"一面说，一面从衣袋里拿出手纸，弯腰将地上的痰迹擦掉，扔到了垃圾桶里，然后若无其事地继续卖票。看到这个举动，大家愣住了。车上鸦雀无声，那位男青年的舌头突然短了半截，脸上也不自然起来，车到站没有停稳，就急忙跳下车，刚走了两步，又跑了回来，对乘务员喊了一声："大姐！我服你了！"车上的人都笑了，七嘴八舌地夸奖这位乘务员不简单，真能忍，不声不响就把浑小子制伏了。

这位女乘务员的确很有水平。她面对辱骂，如果忍不住与那位男青年争辩，只能扩大事态；与之对骂，又损害了自己的形象；默不做声，又显得太沉闷了。她请大家回座位坐好，既对大伙儿表示了关心，又淡化了眼前这件事，缓解了紧张的空气；她弯腰若无其事地将痰迹擦掉，此时无声胜有声，比任何语言表达的道理都有说服力，不仅感动了那位男青年，也教育了大家。

在生活中，我们有时也难免会碰到一些蛮不讲理的人，甚至是心存恶意的人，有时还会无缘无故地遭到这种人的欺侮和辱骂。每当遇到这样的事，常让人觉得忍无可忍。可是，不忍就会正好成了对方的出气筒，也给自己带来不必要的麻烦。如那位女乘务员，如果她不忍，与那位男青年吵起来，甚至对骂或动手，虽然她有理，可是结果对她有什么好处呢？对那个男青年有什么教育呢？即使处罚了那位男青年，她充其量表现出的也只是一个普通乘务员的素质；而忍了一时之辱，则取得了道德上、人格上的胜利，给了那个男青年一个深刻的教训。

可见忍作为一种处世艺术，确实可以起到"一忍制百辱"的作用。

另外在跟你的朋友、长辈、领导相处时，你也必须学会忍让。因为对朋友你不可能事事据理力争——尽管有时他们确实很无理；长辈和领导有时可能会因为误解或其他原因批评、指责你。这种情况很正常，不要急于辩解，认为自己无比委屈，因为中国自古以来就有尊老、尊上的习俗，许多人都是在忍让和服从中"熬成婆"的，这样想你就会舒服多了。

对于领导，首先是服从，然后才能有改变。不是让领导去适应你，而是你去适应领导。上司给予的指示和命令，必须清清楚楚地理解，然后才有可能有效地执行。对于上司，他们发一发脾气也是很正常的，不要希望每个领导都是慈祥无比。你需要忍受这种压力，同时要以积极的行动去尽量避免这种压力。

当你面对指责欲望和权力欲望极强的领导时，要学着把握下列一些"忍"学经验：

（1）学会洗耳恭听，认真听懂老板的每一句话，在老板发布命令的过程中不要自以为聪明地加入自己的主观理解。

（2）称呼老板时，要把名称一字不落地称呼全，而且态度要恭敬谦逊。不要显得勉为其难或语含讥讽，即使他或她只是一个副职，也要把"副"字去掉。

（3）避免一些亲昵行为，比如拍拍老板的肩膀、后背，这会使对方认为你意存狎亵、心存不敬，从而使你寸步难行。

（4）即使你已经做得非常出色，也不要居功自傲，要时刻注意功劳的大部分都是老板的，是老板的英明决策造就出你的非凡成绩。

忍是理智的抉择，是成熟的表现，更是应对无理之人的不二法门。有一个重要条件，就是眼光要放得远，为长远打算，忍一时之痛，这样就可以换得风平浪静、海阔天空。

2. 不要总指望别人感恩

不能不明白的道理：

一次，古罗马众神决定举行一次欢迎会，邀请全体美德神参加。真、善、美、诚以及各大小美德神都应邀出席，他们和睦相处，友好地谈论着，玩得很痛快。

但是主神注意到有两位客人互相回避，不肯接近。主神向信使神述说了这一情况，要他去看看有什么问题。信使神将这两位客人带到一起，并给他们介绍起来。

"你们两位以前从未见过面吗？"信使神说。

"没有，从来没有。"一位客人说，"我叫慷慨。"

"久仰，久仰！"另一位客人说，"我叫感恩。"

生活中的慷慨行为，往往很难得到真诚的感恩，如果你每付出一点都希望得到别人的感激的话，那你将惹来无尽的烦恼。

吕女士认为自己太倒霉，总是遇上忘恩负义的白眼狼。先说她的先生，先生是搞科研的，为了工作常常是废寝忘食，家务活，还有照顾老人、孩子什么的半点儿也指望不上，为了支持先生的工作，吕女士一狠心，就把工作辞了，回到家里当了个全职主妇。这个牺牲够伟大了吧，但先生却似乎一点也没有被感动，还反过来指责吕女士越来越俗气了。再说，二号楼那对小夫妻，他们之所以能在一起，那全是吕女士的功劳，红线是她牵的，矛盾是她调解的，两家父母闹意见还是她劝解开的。结果呢，这对小夫妻有了矛盾才来找"吕姨"，没事的时候就把吕女士丢一边。吕女士一想起这事儿，就气不打一处来。但更可气的还在后头呢！今年春天的时候，丈夫的一个远亲的孩子要跨学区转学，因为知道吕女士有点门路，所以就千求万请的，碍于情面吕女士只好披挂上阵，没想到接收学校的管理太严格，吕女士费尽千辛万苦，求爷爷告奶奶地折腾了几天事情也没办妥。而那位亲戚一听事儿没办成，脸立刻拉了下来，对吕女士的苦心没有半句感谢。不仅如此，那位亲戚还到处说吕女士虚情假意、不地道。吕女士不但没得到感激，还落了一身不是，她这一气就病了一场，病好后，她逢人就说："现在的人都是狼心狗肺，以后啊就自己管自己，别人的事儿啊我再也不跟着瞎忙了！"

吕女士的委屈确实可以理解，她热情地付出，热心地帮助别人，但她的努力似乎都白费了，她没有得到任何一个人的感恩。但是从另外一个角度再想一下，我们每个人每天的生活都在仰赖着他人的奉献，那么，在抱怨别人不知感恩的时候，我们向帮助自己的人表达感激之情了吗？吕女士如果仔细想一下就会知道了，生活中也曾有许多人曾经给过她无私的帮助，只是她忘记了这一点。

世界上最大的悲剧就是一个人大言不惭地说："没有人给过我任何东西！"这种人不论是穷人或富人，他的灵魂一定是贫乏的。人们总是这样，对怨恨十分敏感，对恩义却感觉迟钝，所以下一次当你要怨恨别人的忘恩负义时，先想想自己是否做好了这一点。

老姜是个小肚鸡肠的人，至少邻居们都这么说，他帮人做一点事，就得意得不得了，人前总要提几次，人家要是忘了说谢谢，他就得生气几天。可是如果是人家帮助了他，他就会患上一种健忘症，事情一办成，立刻就把办事的人忘了个一干二净。前两天，田先生就被他给气坏了。老姜的一个亲戚来找老姜，说想要去农村收购出口山菜，但是得找一个进出口公司接收，亲戚问老姜有没有这方面的门路。老姜一想，三楼B门的田先生不就在进出口公司上班吗？于是他就让亲戚回家等着，

第四章
你不能不明白：不是什么人都按牌理出牌

自己买了两瓶酒就去找田先生，田先生见是街坊来求自己就尽心尽力地把这事办成了。事一办成老姜立刻就变了一个人一样，见到田先生就趾高气扬地喊一声"小田"！对山菜合同的事竟提也不提，回头还对街坊吹嘘自己有多神通广大，田先生被气得几天吃不下饭，一提老姜就一肚子火。

其实生活中像老姜这样的人并不少见，他们有时会因有人庇佑，而威风一时。不过由于此类人多半专横、自私，只知从别人身上得到好处，却不知回馈，而不受欢迎、短视近利的后果，往往令帮助他的人感到失望，不再给予支持。这类人多半自以为是，从不考虑自己的责任，老是认为别人在算计他，对他不怀好意，想要陷害他。

消极的心态会使这类人离开对他有利的人，而和同类型的人在一起，然后逐渐深陷其中而无法自拔。

大多数人都是这样：只注意到自己需要什么，却忽略了这些东西是从哪里来的。所以抱怨别人的不知感恩，还不如先培养自己感恩的心。不要总计较别人欠你多少，在你以自己的成功为荣时，应该先想想自己从别人那里接受的有多少。

3. 不"吃掉"别人就会被别人"吃掉"

不能不明白的道理：

人生的每一天都在胜负中度过。一切都以竞争形式出现。每天都是在为竞争中取胜，或者至少不败给对方而进行奋斗。因此若有一天懈怠，便要落后、要失败。人生就是这样严峻的。

——［日本］大松博文

也许你曾听说过这样一个故事：日本一家大公司准备从新招的三名员工中选出一位做市场销售代表，于是，对他们例行上岗前的"魔鬼训练"，予以考核。

公司将他们从横滨送往广岛，让他们在那里生活一天，按最低标准给他们每人一天的生活费用二千日元，最后看他们谁剩的钱多。

剩是不可能的，一罐绿茶的价格是三百日元，一听可乐的价格是二百日元，最便宜的旅馆一夜就需要二千日元……也就是说，他们手里的钱仅仅够在旅馆里住一夜，要么就别睡觉，要么就别吃饭，除非他们在天黑之前让这些钱生出更多的钱。而且他们必须单独生存，不能联手合作，更不能给人打工。

第一位先生非常聪明，他用五百日元买了一副墨镜，用剩下的钱买了一把二手吉他，来到广岛最繁华的地段——新干线售票大厅外的广场上，扮起了"盲人卖艺"，半天下来，他的大琴盒里已经是满满的钞票了。

第二位先生也非常聪明，他花五百日元做了一个大箱子放在最繁华的广场上，箱子上写着："募捐。"然后，他用剩下的钱雇了两个口齿伶俐的中学生做现场宣传讲演，还不到中午，他的大募捐箱就满了。

第三位先生像是个没头脑的家伙，或许他太累了，他做的第一件事是找了个小餐馆，一杯清酒、一份生鱼、一碗米饭，好好地吃了一顿，一下子就消费了一千五百日元。然后钻进一辆被废弃的本田汽车里美美地睡了一觉……

广岛的人真不错，第一和第二位先生的"生意"都异常红火，一天下来，他们对自己的聪明和不菲的收入暗自窃喜。谁知，傍晚时分，厄运降临到他们头上，一名佩戴胸卡和袖标、腰挎手枪的城市稽查人员出现在广场上。他摘掉了"盲人"的眼镜，摔碎了"盲人"的吉他；撕破了募捐人的箱子并赶走了他雇的学生，没收了他们的"财产"，收

第四章

你不能不明白：不是什么人都按牌理出牌

缴了他们的身份证，还扬言要以欺诈罪起诉他们……

当第一位先生和第二位先生想方设法借了点路费，狼狈不堪地返回横滨总公司时，已经比规定时间晚了一天，更让他们脸红的是，那个"稽查人员"已在公司恭候！

原来，他就是那个在饭馆里吃饭、在汽车里睡觉的第三位先生，他的投资是用一百五十日元做了一个袖标、一枚胸卡，花三百五十日元从一个拾垃圾的老人那儿买了一把旧玩具手枪和一把化装用的络腮胡子。当然，还有就是花一千五百日元吃了顿饭。这时，公司国际市场营销部总课长走出来，一本正经地对站在那里怔怔发呆的"盲人"和"募捐人"说："企业要生存发展，要获得丰厚的利润，不仅仅是会吃市场，最重要的是懂得怎样吃掉市场。"

竞争是一种十分残酷的东西，它不留情面，不循常理。故事中第一位和第二位先生便没有真正理解竞争的含义。按常理看，他们做得也很不错，有效地利用了手中的资金，并想出了巧妙的赚钱办法（卖艺和募捐）。可惜的是，他们的眼睛却只盯着市场而忽略了危险的竞争者。第三个人是一个真正的聪明人，当他的对手忙于赚钱时，他却在悠闲地养精蓄锐，然后再想办法出其不意地吃掉对手，可以说他是一个把竞争精神贯彻到了实处的人。

竞争就是这样，不是你"吃掉"别人就是你被别人"吃掉"，如果头脑里不绷紧竞争这根神经，就容易中暗算、吃大亏，市场是一块大蛋糕，它不可能被平均分配，在只有几个人分享它的时候，大家或许可以和平共处，双赢互利，但到了僧多粥少的时候，竞争就变得和市场同样重要，有能力战胜对手的人就是胜利者，反之就会被淘汰出局。

生活中，我们可能也会遇到各种各样的竞争，职场上的、爱情中的……我们在提高自己实力的同时，千万不能忘了防范和反击竞争对手，否则，你就会成为失败者。

4. 谁也不会踢一只死狗

不能不明白的道理：

> 对于恶意中伤，如不予理睬，它们很快就会被人遗忘；可要是表示不快，就似乎是把它们当做事实承认了。
>
> ——［古罗马］塔西佗

身处社会中，偶尔遭到某些人的恶意攻击是不可避免的，但我们不能让这种攻击干扰了我们的心态和生活。

美国曾有一位年轻人，出身寒微，依靠自己的努力，在30岁时当上了美国有名的芝加哥大学的校长。这时各种攻击落到他的头上。有人对他的父亲说："看到报纸对你儿子的批评了吗？真令人震惊。"他父亲说："我看见了，真是尖酸刻薄。但是记住，没有人会踢一只死狗的。"

卡耐基很赞美这句话，他说："不错，而且愈是具有重要性的'狗'，人们踢起来愈感到心满意足。所以，当别人踢你，恶意地诋毁你时，那是因为他们想借此来提高自己的重要性。当你遭到诋毁时，通常意味着你已经获得成功，并且深受人们注意。"

恶意的批评通常是变相的恭维，因为没有人会踢一只死狗。

明代人屠隆在《娑罗馆清言》中说："一个人要实现自己的理想，要找到真理，纵然历经千难万险，也不要后退。在奋斗的过程中，要用坚强的意志来支撑自己，忍受一切可能遇到的屈辱，只要坚持下去，就能取得成功。艰难羞辱不但损害不了你人格的完整，还会使人们真正了

第四章
你不能不明白：不是什么人都按牌理出牌

解你人格的伟大。重要的是，在遭遇苦难侮辱时，把这一切都抛诸脑后，得一份清爽的心情。"

屠隆的话告诫我们，当面临无耻之徒的恶意诋毁时，你的态度应该是置之不理。

有些人对那些无中生有的诬蔑表现得异常激愤，甚至反唇相讥，其实那都是没有必要的。如果换一种角度来看，那些遭人诋毁的人反倒应觉得庆幸，因为正是你极具重要性，别人才会去关注、去议论、去诬蔑。所以不要理会这些无聊的人，事实自会让流言不攻自破。

有位朋友对小仲马说："我在外面听到许多不利于你父亲大仲马的传言。"

小仲马摆出一副无所谓的样子回答："这种事情不必去管它。我的父亲很伟大，就像是一条波涛汹涌的大江。你想想看，如果有人对着江水小便，那根本无伤大雅，不是吗？"

听到别人的流言飞语，再三客观地分析、判断之后，只要认为自己的做法合理，站得住脚，那么大可以坚持到底，不必妥协。

美国总统罗斯福的夫人埃莉诺曾受到许多攻讦，但她都能够泰然处之。她说："避免别人攻讦的唯一方法就是，你得像一只有价值的精美的瓷器，有风度地静立在架子上。只要你觉得对的事，就去做——反正你做了有人批评，不做也会有人批评。"

林肯曾就那些刻薄的指责写过一段话，后来的英国首相丘吉尔把这段话裱挂在自己的书房里。林肯是这样说的："对于所有的攻击的言论，假如回答的时间大大超过研究的时间，我们恐怕要关门大吉了。我竭尽所能，做我认为最好的，而且我一定会持续直到终了。假如结局证明我是对的，那些反对的言论便不用计较；假如结局证明我是错的，那么，纵有十个天使替我辩护，也是枉然啊！"

其实，做人就应如此，益则收，害则弃。对于正确的批评，我们应该欢迎，哪怕言辞激烈或只有1%的正确。但对于纯属恶意的人身攻击、诽谤、诋毁、中伤，我们如果不想被它所害，那就只有不去理会，像鲁迅所说的，"最高的轻蔑，是连眼珠子都不转过去"。

不必太在意别人的攻击，事实会说话，时间会说话。何况别人攻击你，说明你至少有被人攻击的价值，所以先不要去反击，这样你反而会不战而胜。

5．别掉进赞美的陷阱

不能不明白的道理：

一只乌鸦从村子里偷了一块奶酪，它飞到一棵树上正准备享受美餐，树下却传来了一声问候："乌鸦妹妹，你早啊！"乌鸦往树下一看，原来是只狐狸。狐狸继续说："乌鸦妹妹，一大早站在树上是准备练嗓子吗？说真的，我一直认为你唱得要比百灵鸟好听多了！"乌鸦没有回答，心里却高兴起来。"你那甜美的嗓音，悦耳的腔调，简直让人……乌鸦妹妹，你真的不肯开口唱一曲吗？"乌鸦这时已经完全陶醉了，它唱了起来"嘎——"奶酪掉在地上，狐狸一口叼起就跑了。

人人都喜欢别人赞美自己，于是有的人就利用人们的这一心理特点，布下了一个甜美的陷阱，他们奖励你的错误，赞美你的缺点，对你的一切行为都不加选择地赞美，很多人都因为沉浸在甜言蜜语里而迷失了自己。

在古朴宁静的乡村里，有一棵枝叶茂盛的大榕树。在这棵榕树下摆有几张石椅，这里正是村民夏日纳凉的最好去处。

第四章

你不能不明白：不是什么人都按牌理出牌

一天中午，凉风习习，有个满头白发的老人正在树下乘凉。在阵阵微风吹拂下，老人家忍不住昏昏欲睡。

忽然，有水滴从天而降，淋得老人家全身都湿了。

他抬头一看，原来不是雨滴，而是树上有个小男孩正在他的头上撒尿，还恶狠狠地扮了一个鬼脸。

"臭小子，你居然在我头上撒尿！下来，看我不揍你一顿才怪！"

老人家指着小男孩大骂，还气得浑身发抖。

谁知小男孩一点也不害怕，还顽皮地吐舌道："嘻嘻，我才不怕你呢！有本事，你爬上来啊！"

老人气得说不出话来，隔了一会儿，只见他颤抖着手，从口袋里拿了一张10元纸币，并放在石椅上，还皮笑肉不笑地说："好小子，你有种！算我服了你，小小年纪就天不怕地不怕，将来一定有出息！天气这么热，这10块钱我请你吃雪糕吧！"

老人说完后，便拄着拐杖，头也不回地走了。

等老人一走远，小男孩便利落地从树上跳下来，开心地拿起老人留下的10块钱，心想："在人家头上撒尿，还能得到钱，这个游戏不错！"

尝到甜头的男孩，第二天故技重施。这回，树下是一个中年人，他照例对准他的头上撒尿。

看着树下气得七窍生烟的中年人，这个顽皮的小男孩又挑衅地说："有本事你上来啊！"

没想到这个中年人二话不说，立即爬到树上，将小男孩揪了下来，狠狠地痛打了一顿。

小男孩在尝到甜头后，故技重施，然而，他不知道自己已落入老人的圈套中，而且每前进一步都是失败的步伐。

每个人都喜欢被赞美，然而，在这么多歌功颂德的赞美词里，我们是否能认清哪些是发自真心的呢？还是大多数都只是些客套话？

过度地赞美是另一种虚伪的表现，所以不要只挑好听的话听，也不要老是沉浸在甜言蜜语里，因为这些都会使我们迷失方向。

针对值得赞美的地方毫不吝啬地赞美，是增进人际关系的良性互动，但如果过度赞美就是虚伪的表现了，小男孩就是因为对赞美的真伪没有判断清楚才落入了老人的陷阱，是不是只有小孩子才会犯这个错误呢？那可不一定啊！

《莫斯科时报》曾刊登一则报道，透露了一则趣事。

报道里提到，有一年，俄罗斯总统叶利钦决定，这年夏天要在邻近芬兰的度假胜地卡雷利亚的北部度假，而且在这段休息的时间内，他每天都会去钓鱼。

接到消息的当地官员为确保总统能够钓到鱼，便暗中在乌克苏泽罗湖里放入一万条鱼。

这个消息是卡雷利亚渔业委员会的一名官员透露的，他说："这是市政府为确保总统能愉快地度假，要求我们做的。"

这名官员还得意地说："其实，叶利钦总统一点也不善于钓鱼。不过，第一天他居然钓了20多条鱼，第二天他更是钓了30多条，这样的钓鱼技术令当地的渔民惊讶不已，也获得众人一致的赞美。"

当然，关于这个安排，叶利钦本人事先毫不知情，因此为自己的杰出表现感到沾沾自喜。

这就像老布什总统卸任后，有一天突然有感而发地说："自从卸职后，我才发现，比我会打高尔夫球的人居然这么多。"

莎士比亚曾说："对你恭维不离口的人，不一定是真正的患难朋友！"

就像老布什在卸任后的体会，当人们有求于我们，或是对我们别有企图时，他们对待我们的方式，只有"迎合"两个字。于是，我们在迎合的遮掩下，看不见自己的缺点，也无法让自己有任何成长。

所以，我们必须试着保持客观的判断力，听出人们赞美的虚实，只有这样我们才不会被甜言蜜语所蒙蔽。

言不由衷的夸大赞美，是许多喜欢奉承的人惯用的方式。过度赞美别人会损害我们的人格，不加选择地接受赞美，这会给我们带来无法弥补的严重后果。所以给人合适的赞美和懂得聆听真心的赞美对每个人来说都是非常重要的。

6. 感谢踢你一脚的那个人

不能不明白的道理：

一只老虎和一头驴一起掉进了一个深深的陷阱里，老虎狂蹦乱跳了半天也没上去，它只好无奈地趴在地上喘息了。它看了看站在一边发抖的驴，它现在倒不着急吃了它——临死前它总得给自己找点乐趣吧！"蠢驴！"老虎做出一副恶狠狠的样子，"都是因为要追你，我才会掉进陷阱，看你现在往哪跑，我要把你啃得连骨头都不剩！"它伸出利爪就朝驴抓去，一下子把驴屁股划出几道深深的血痕。"妈呀！"驴惨叫了一声，奋力一跃，接着它发现自己已经站在了坚实的草地上。

生活中，我们有时难免会碰到一些心存恶意的人，他们会不由分说就抓你几把、踢你一脚，不要憎恨他们，因为有时候这种伤害会成为你成功的动力。

在东方一个美丽的国家里，国王唯一的女儿已经到了适婚的年龄，但却一直没有找到意中人，国王为此十分着急，终于，公主提出了自己的择婿条件：他必须是全国最勇敢的年轻人！于是国王就决定通过比赛来招亲。比赛招亲规定：以城外一百米为起点，第一个跑过五十米平地和游过五十米护城河的便是冠军。冠军者，可任选"良田万亩"、"黄金万两"或"招为驸马"。

一声令下，成千上万的勇士们如脱缰野马般往前跑，跑到护城河边，眼前的景象让所有人目瞪口呆：几百条鳄鱼在河里张牙舞爪地游着！

一分钟、两分钟、三分钟，没有一个人往下跳，五分钟过去了，场上还是寂静无声。正当大家无比失望之际，就听"扑通"一声，一名男子在池中拼死前游。国王兴奋地大呼："加油！加油！"所有在场的人也放开喉咙为勇士喝彩。

奇迹出现了：小伙子满身鲜血、全身衣服无处不烂，可以说是九死一生，但居然游过了护城河。

小伙子的勇敢震慑了所有的人，国王激动得紧紧握住了小伙子的手。丞相则毕恭毕敬地对小伙子说："年轻的勇士，你可以任意选择国王为你设的三个奖项，请问，你想要良田万亩吗？"小伙子拼命地摇头。丞相又问："那你是想要黄金万两吧？"小伙子头摇得更厉害了。丞相笑了："年轻的勇士，你不但拥有神将般的勇气，而且还拥有上帝般的智慧，你一定是选择第三条，要做我国的驸马爷。那么，你不但可以有良田万亩、黄金万两，同时还可以得到世上最美丽的妻子。是吗？"

气喘吁吁的小伙子费力地挺了挺身子，哑着声音说："不！"全场的人都愣住了，小伙子接着转过身，向丞相大吼："刚才是哪个王八蛋把我踢下水去的？！"

这个故事的结尾似乎有点可笑：唯一的一个"勇敢者"，是因为被人踢了一脚才游过护城河的。这个让他愤怒至极的意外，却帮他成为了大英雄。故事中那个"勇敢"的小伙子如果真当了驸马，那他就应该

78

第四章

你不能不明白：不是什么人都按牌理出牌

感谢那个踢他下水的"王八蛋"才是，因为正是那一脚给了他机会和勇气。孟子能成名，则要感谢三迁的严母，如果没有人踢你那一脚，你也就没有勇气跳进满是"鳄鱼"的"护城河"，更不可能摘到胜利的果实。

生活中，常听到有人抱怨："这件事本来可以做好的，怎么会失败了呢？"这样抱怨的人在做事的时候一定是怀着这样的想法：这件事即使做不好也没关系，我还可以……正是因为你给自己留了后路，做起事来才不会全力以赴，如果当时有人狠狠"踢"你一脚的话，你就会不顾一切奋勇向前了。

有一家人住在一所破旧的房子里，一天晚上，一个和他们有仇的人用火点着了他们的房子，一家人毫无损伤，但房子却烧了个一干二净，而冬天马上就要到了。看着家人难过的样子，父亲很快振作了起来，"大家一起动手吧！我们要尽快住进新房子里。"在一家人的努力下，房子很快盖好了。圣诞节的夜晚大家坐在又大又暖的新房子里吃晚餐的时候，父亲说："让我们一起为点火烧我们旧房子的人祈祷吧！如果没有他，我们现在还住在透风的旧房子里呢！"

当这家人还有旧房子住的时候，他们可能也考虑过建新房子的问题，只不过惰性使他们搁置下了这个问题，房子被烧之后，拆不拆旧房子的顾虑和建不建新房子的犹豫一下子就没有了。**一无所有时，也就没有了选择的犹豫，没有了再固守现状的可能，你唯一需要做的，唯一能做的就是勇往直前，做到最好。**

希望在每个关键时刻，都有一个"王八蛋"来狠狠踢你一脚，帮你大胆地迈开步子，走向你渴望已久的成功。

7. 迁就别人要有个底线

不能不明白的道理：

　　一个人出门去旅行，走啊走，走得脚都起泡了。腿开始大声向主人抗议："停下来！为什么受累的只有我，你为什么不试试让手走路？""可是手本来就不是用来走路的呀！"主人为难地说，但在腿的坚持下，他只好趴在地上，用手艰难地往前走，不一会儿手就磨破了，手也朝主人发起火来，正在这时，一个骑着马的人从后面赶来，看到走路人的窘状，就说愿意把马让给路人骑，但希望路人送他一条腿。那个人本来坚决不同意，但在手和脚的劝说下，他还是割了一条腿，当然从此以后他再也不能从马上下来走路了。

　　一个人总要有自己的原则、自己的立场，不能只一味迁就别人，一点主见也没有。这里的原则既包括办事的方法，也包括日常生活中为人、处事的立场、原则，少了哪个都会给你带来困难，并将影响你的生活。

　　工作办事没有自己的方法，只听命于他人，别人怎么说自己就怎么做，如果别人说得对还好，假若别人说得不对，而自己又不动脑筋，走弯路、浪费时间不说，有时还会犯错误。举个简单的例子：某个人想挖鱼池养鱼，有人建议坑底要铺上一层砖，这样既干净又节省水；又有人建议说，不能铺砖，铺了砖鱼就接触不着泥土，对鱼的生长不利；还有人说……于是，这位养鱼者开始犯难了，左也不是，右也不是，不知该听谁的好。其结果是，事情就此搁了下来，最终放弃了计划。当然，这

第四章

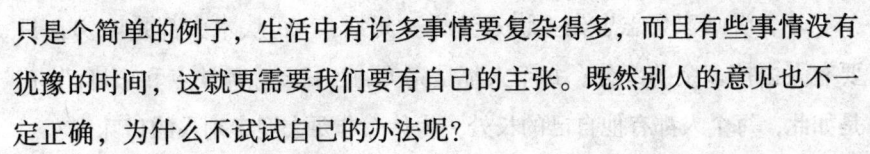

你不能不明白：不是什么人都按牌理出牌

只是个简单的例子，生活中有许多事情要复杂得多，而且有些事情没有犹豫的时间，这就更需要我们要有自己的主张。既然别人的意见也不一定正确，为什么不试试自己的办法呢？

老胡没别的毛病，就是天生的耳根子软，别人说什么他听什么，老婆一生气就骂他是"应声虫"。比如说中午订餐，同事问老胡吃什么，他犹犹豫豫地想了一会儿说："吃扬州炒饭吧！"同事一听："扬州炒饭有什么好吃的，就要鱼香肉丝盖饭吧！"老胡赶紧点头："行，行，行！"不但生活中这样，工作中也是这样，他从来也提不出什么像样的意见，什么事都听人家的，所以单位里开会时，老胡永远是坐在角落里发呆的那一个。前不久，老婆回娘家了，说是要跟他离婚，起因就是一卷墙壁纸。老婆嫌卧室里的壁纸太旧了，想换上新的，正巧身体不舒服，就让老胡一个人去买。走之前一再嘱咐他按照家具的颜色搭配着买，可老胡却禁不住售货小姐的怂恿，买了一种深蓝色直条纹的壁纸，贴上以后，老婆总觉得自己是睡在监狱里，她觉得老胡这人太没用了，很多同事都利用他的好说话占他便宜，领导把他当软柿子捏来捏去，……现在一个售货小姐居然也把他当"冤大头"，日子再也没法过了，老婆愤怒地收拾东西离开了这个家，老胡则坐在沙发上唉声叹气，看来他"耳朵软"的毛病是改不了了！

社会太复杂了，过于迁就别人的人很容易吃亏，多少人排队等着算计这种老实人呢！办事没有原则，有时就表现为一味地迁就、顺从别人。由于自己没有立场，所以很容易被他们所诱惑或利用。迁就别人，表面看来是和善之举，但实际上则是软弱的表现。软弱到一定程度，就会逐渐失去自信力，而没有自信力的人是很难成就什么大事业的。有时，性格上的自卑和懦弱，也表现为没有自己的立场和观点。自卑，就会觉得处处不如别人，怯懦则往往会导致卑微。时时看着别人的脸色行事，怎么能走自己的路呢？其实，这样做是大可不必的。

著名漫画家蔡志忠先生讲过这样一句话:"每块木头都是座佛,只要有人去掉多余的部分;每个人都是完美的,只要除掉缺点和瑕疵。"正是如此,每个人都有他自己的长处,为什么非要去迎合别人的口味呢?

没有原则的人还往往禁不住他人的诱惑,有什么事情,最初还能遵循自己的原则,但经别人三言两语一劝,马上防线就崩溃了。举个日常生活中最简单、最普遍的小例子:拿喝酒来讲,几个朋友坐在一起,常常要推杯换盏,边喝边聊。几杯酒下肚之后,本来规定自己只喝三杯,开始时还能坚持,但没多久,在朋友的再三劝说之下,脑袋一热,什么三杯原则,五杯又能怎么样?于是,原则丢在了脑后,放开肚子喝了起来。其结果常常是酩酊大醉,误了其他的事不说,对自己的身体损害极大。这是多么不划算的事啊!

所以,做什么事情都要有个度,不能过度,否则就是没有原则。什么事情没有原则,只会带来不良后果,而不会有什么好的结局。

按照古代寓言书记载,谁能解开奇异的高尔丁死结,谁能注定成为亚洲王。所有试图解开这个复杂怪结的人都失败了。后来轮到了亚历山大来试一试,他想尽办法要找到这个死结的线头。结果还是一筹莫展。后来他说:"我要建立我自己的解结规则。"于是,他拔出剑来,将结劈为两半,他成了亚洲王。

这当然是传说,但这则故事告诉我们,亚历山大之所以成功地做了亚洲王,就是因为他有自己的方法,创立了自己的规则。他绝不是没有主见、没有办法之人。因此,干什么事情都要动脑筋,不要轻易听从他人的,要有自己的一套规则。这样做,有时会使你收到意想不到的效果。

不要轻易迁就别人,每个人都应有自己的立场和方法,做事时应该多坚持自己的意见,不要轻易改变立场,在坚持原则的基础上,我行我素,"你有千条妙计,我有一定之规","走自己的路,让人家说去吧"!这样你就可以抵制那些企图诱惑你、改变你的人!

第五章

你不能不明白：天上不会掉馅饼

生活中,很多人内心深处都藏着一种不劳而获的渴望,希望彩票中奖,希望突然升迁……然而世界上是不会有这种天上掉馅饼的美事的。如果哪一天真掉下来个"馅饼",那里面也可能包着毒药。所以无论你希望自己的人生是成功的还是幸福的,都要靠自己努力去争取。

1. "馅饼"背后常藏着一个陷阱

不能不明白的道理：

　　一条小鱼在水里自由自在地游着，忽然它发现前面有一条肉虫在水中扭来扭去。"多肥美的肉虫啊！"小鱼高兴地想，"正好给我当午餐。"它刚想过去吞掉肉虫，一条箭鱼飞快地冲过来挡住了它："嘿！小家伙，不要命了！那是人类给我们设的陷阱，把它吞下去就会没命的！要吃午餐还是自己去找吧。"说完它就游走了。小鱼觉得不甘心，送到嘴边的美食怎么能放过呢？再说也没看到人类啊，一定是箭鱼在吓我！它张大嘴一口吞下了肉虫，紧接着它觉得肚子好痛，一股力量将它拉出了水面。"原来天底下真的没有免费的午餐啊！"在生命的最后一刻它悲哀地明白了这一点。

　　钓鱼的人要下饵，骗子往往先诱人以小利，许多"聪明人"在见到"便宜"的时候，就忘了"天上不会掉馅饼"的道理，不加防备地走进人家设好的圈套。

　　11岁的布鲁克林和父亲在芝加哥一条热闹的大街上漫步。经过一家服装店，门口站着一个笑容可掬的圆脸男子。他一见布鲁克林他们，立刻向他父亲伸出手来，一副兴高采烈的样子，嚷嚷道："先生您请进，欢迎您光临本店！我们有一种漂亮的服装，配您的身材再好不过了！今天大减价，您可别错过良机啊！"

　　布鲁克林的父亲说："不，谢谢！"他们继续散步。布鲁克林回头扫了一眼，那位能说会道的推销员又缠上了另一个人。他抓着那人的胳

第五章

你不能不明白：天上不会掉馅饼

膊，边向他介绍一种蓝色带条纹的套装如何如何，边拉着他进了店铺。

"这对康纳利兄弟呀，"父亲轻轻笑道，"他们靠装耳聋赚的钱已经供三个孩子上了大学。"

奇怪，装聋也能发财？接着，父亲为布鲁克林解开了疑团。

原来，两兄弟中的一个把顾客哄骗进店里，劝说顾客试试新装是易如反掌的，这样前前后后摆弄一阵，顾客最后总要问道："这衣服价钱多少？"

这位康纳利先生把手放在耳朵上："你说什么？"

"这服装多少钱？"顾客高声又问了一遍。

"噢，价格嘛，我问问老板。对不起，我的耳朵不好。"

他转过身去，向坐在一张有活动顶板的写字台后面的兄弟大声叫道："康……纳利……先生，这套全毛服装定价多少？"

"老板"站了起来，看了顾客一眼，答话道："那套吗？七十二美元！"

"多少？"

"七……十……二美元。""老板"喊道。

他回过身来，微笑着对顾客说："先生，四十二美元。"顾客自认为走运，赶紧掏钱买下，溜之大吉。

这场骗局的妙处就在于，康纳利兄弟的狡猾欺诈与顾客急不可耐地上钩配合默契，相映成趣。

一分辛苦一分收获，世界上没有不劳而获的事情。不要被突如其来的实惠或好运迷惑，其实天上是不会掉馅饼的，然而生活中的陷阱实在太多了。金钱、名誉、地位、美女、机遇……其实所有的陷阱都有一个共同特点：就是抓住人们爱贪便宜的心理，使人像着了魔似的不能脱身，毫不犹豫地掉进陷阱里。掉进陷阱里的人，全都是因为贪恋不该属于自己的东西，被不属于自己的东西所诱惑，结果总是得不偿失的。

有时候仅需要蝇头小利,就可以让一些"聪明人"变成傻子,生活在这样一个充满诱惑的时代,你需要保存一份对世事的清醒,面对诱惑多一些思索、多一份清醒,就不会被生活的陷阱欺骗、套牢了。

2. 别让机会从指缝中溜走

不能不明白的道理:

每个人在一个好运降临的时候,不去领受;但他若不及时注意,或竟顽强地抛开机遇,那就并非机缘或命运在捉弄他,这归咎于他自己的疏懒和荒唐;我想这样的人只好抱怨自己。

——[英国]乔叟

有一个人,在某天晚上碰到了上帝。上帝告诉他,有大事要发生在他身上了,他有机会得到很多的财富,他将成为一个了不起的大人物,并在社会上获得卓越的地位,而且会娶到一个漂亮的妻子。

这个人终其一生都在等待这个承诺的实现,可是到头来什么事也没发生。

这个人穷困潦倒地度过了他的一生,最后孤独地死去。

当他上了天堂,他又看到了上帝,他很气愤地对上帝说:"你说过要给我财富、很高的社会地位和漂亮的妻子的,可我等了一辈子,却什么也没有,你在故意欺骗我!"

上帝回答他:"我没说过那种话,我只承诺过要给你机会得到财富、一个受人尊重的社会地位和一个漂亮的妻子,可是你却让这些机会从你身边溜走了。"

第五章

你不能不明白：天上不会掉馅饼

这个人迷惑了，他说："我不明白你的意思？"

上帝回答道："你是否记得，你曾经有一次想到了一个很好的点子，可是你没有行动，因为你怕失败而不敢去尝试？"

这个人点点头。

上帝继续说："因为你没有去行动，这个点子几年后给了另外一个人，那个人一点也不害怕地去做了，你可能记得那个人，他就是后来变成全国最有钱的那个人。还有，一次城里发生了大地震，城里大半的房子都毁了，好几千人都被困在倒塌的房子里，你有机会去帮忙拯救那些存活的人，可是你害怕小偷会趁你不在家的时候，到你家里去打劫、偷东西？"

这个人不好意思地点点头。

上帝说："那是你去拯救几百个人的好机会，而那个机会可以使你在全国得到莫大的尊敬和荣耀啊！"

上帝继续说："有一次你遇到一个金发蓝眼的漂亮女子，当时你就被她强烈地吸引了，你从来不曾这么喜欢过一个女人，之后也没有再碰到过像她这么好的女人了。可是你想她不可能会喜欢你，更不可能会答应跟你结婚，因为害怕被拒绝，你眼睁睁地看着她从身旁溜走了。"

这个人又点点头，可是这次他流下了眼泪。

上帝最后说："我的朋友啊！就是她！她本来应是你的妻子，你们会有好几个漂亮的小孩；而且跟她在一起，你的人生将会有许许多多的乐趣。"

这个人无言以对，懊恼不已。

我们身边每天都会围绕着很多的机会，包括爱的机会。可是我们经常像故事里的那个人一样，总是因为害怕而停止了脚步，结果机会就这样偷偷地溜走了。只有及时抓住机会的人，才能取得人生的成功；而在有准备的人眼中，抓住机会努力改变自己，更多的机会就会出现。

2002年夏天，郑雯和韩宁大专毕业了。她们制作了精美的简历，开始了自己艰难的求职旅程，起初郑雯和韩宁一样，买了大叠的信封邮票，一次次地到邮局寄求职信，然而她们等来的却是一次次的失败。终于郑雯坐不住了，她决定改变战术，主动出击，首先她到网络上下载了许多关于求职之道的资料，细心解读后，先理了一个老少皆宜的发型，然后又买了一套职业装，再买信封，也是挑那种印刷精美、质地优良的，开始了新一轮的投送。

　　回音不断传来，郑雯又像赶场似的去面试。然而结局还是跟没理发、没嚼口香糖之前一样。

　　屡战屡败的郑雯，翻着手头所剩无几的面试通知书，心中好不凄凉。其中有一张通知是一家化妆品公司寄来的，无意间提醒了她，家里的洗涤用品该买了。

　　在商场里，郑雯看到了那家公司的产品，不知来了灵感还是怎么回事，郑雯似乎突然明白该怎么做了。

　　她在商场泡了一整天，观察有多少顾客光顾化妆品柜台，有多少人买了这家公司的产品。她小心翼翼地赔着笑脸，向售货员小姐询问有关化妆品的事情，得到了不少"情报"。

　　两天后的面试，郑雯说出了不少关于化妆品市场的分析。

　　主持面试的那家公司的副总，是特地从上海赶来北京的，听完了郑雯的讲述，率直地说："郑小姐，对不起！您刚才讲的有很多错……"

　　"哦！请您……请您再给我一次机会。"郑雯带着期望的眼神看着面前的副总。

　　"郑小姐，听我把话说完，尽管你讲的很多情况是错的，但你是所有应聘者中唯一肯花时间到商店去看我们产品的人。我看你是一个有心的女孩儿，这样吧，你明天来上班吧！"

　　一切是这么的艰难，艰难是因为自己以前没有准备；一切又是这么

第五章
你不能不明白：天上不会掉馅饼

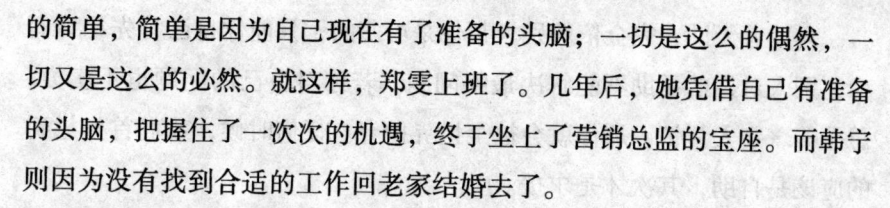

的简单，简单是因为自己现在有了准备的头脑；一切是这么的偶然，一切又是这么的必然。就这样，郑雯上班了。几年后，她凭借自己有准备的头脑，把握住了一次次的机遇，终于坐上了营销总监的宝座。而韩宁则因为没有找到合适的工作回老家结婚去了。

　　机会只给有准备的人，而我们往往因为害怕失败而不敢尝试，因为害怕被拒绝而不敢跟他人接触，因为害怕被嘲笑而不敢跟他人沟通情感，因为害怕失落的痛苦而不敢对别人付出承诺。

　　能否把握机会，是决定人生能否成功、是否如意的关键；用一种积极进取的态度对待生活，我们的人生就会得到提升。机会不等人，千万不要让它从你指缝中溜走，否则你就会一事无成。

3. 你就是自己的上帝

不能不明白的道理：

　　一个马车夫正赶着马车，艰难地行进在泥泞的道路上。马车上装满了货物。

　　忽然马车的车轮深深地陷进了烂泥中，马怎么用力也拉不出来。

　　车夫站在那儿，无助地看着四周，时不时大声地喊着大力士阿喀琉斯的名字，想让他来帮助自己。

　　最后阿喀琉斯出现了，他对车夫说：

　　"把你自己的肩膀顶到车轮上，然后再赶马，这样你就会得到大力士阿喀琉斯的帮助。如果你连一个手指头都不动一动，就不可能指望阿喀琉斯或其他什么人来帮助你。"

自助者天助，完全依赖别人帮你是可悲的，只能你自己首先尽力而为，别人对你的帮助不能解决最终问题，若你对自己的问题也不卖力，总是等着别人帮忙，那你就会被全世界抛弃。任何时候，我们首先想到的应该是自助，其次才是求援。

某人在屋檐下躲雨，看见观音正撑着伞从路上走过。这人心念一动就请求说："观音菩萨，佛法不是讲普度众生吗？那度我一程如何？"观音说："我走在雨里，你躲在檐下，屋檐下没有雨，你又何须我度你呢？"这人听到观音这样说，立刻走出屋檐下，站在雨中："现在我也在雨中了，菩萨应该度我了吧？"

观音说："我还是不能度你！"

"为什么？"这人不明白地问。

观音解释说："你在雨中，我也在雨中，我没有被雨淋，是因为有伞；你被雨淋，是因为没有伞。所以不是我度自己，而是伞度我。你要想度，不必找我，请自找伞去！"

说完便走了，那个人在雨中被淋透了。

道理很简单，想要不淋雨就自己带伞，如果总想着依赖别人，到头来什么也不可能得到。

第二天，这人又遇到了难事，便去寺庙里求观音。走进庙里，才发现观音的像前也有一个人在拜，而那个人长得跟观音一模一样，丝毫都不差。这人问："您是观音吗？"那人答道："我正是观音！"这人又问："那您为何还拜自己呢？"观音笑着说："我也遇到了难事，但我知道，自伞自度，自性自度，求人不如求己。"

成功者自救，凡事得靠自己。而有些人却习惯于把希望甚至是自己，寄托在莫须有的事物或者别人身上，这与毫无胜算的赌局无异，最终只能自食其果。

杰克为农场主搬东西的时候，失手打碎了一个花瓶。农场主要杰克

第五章
你不能不明白：天上不会掉馅饼

赔，杰克穷得常常吃不上饭，又哪里能赔得起。

杰克被逼无奈，只好去教堂向神父讨主意。神父说："听说有一种能将破碎的花瓶粘起来的技术，你不如去学这种技术，只要将农场主的花瓶粘得完好如初，不就可以了嘛。"杰克听了直摇头，说："哪里会有这样神奇的技术？将一个破花瓶粘得完好如初，这是不可能的。"神父说："这样吧，教堂后面有个石壁，上帝就待在那里，只要你对着石壁大声说话，上帝就会答应你的。"

于是，杰克来到石壁前，对石壁说："上帝请您助我，只要您帮助我，我相信我能将花瓶粘好。"话音刚落，上帝就回答了他："能将花瓶粘好。"于是杰克信心百倍，辞别神父，去学粘花瓶的技术去了。

一年以后，杰克通过认真地学习和不懈地努力，终于掌握了将破花瓶粘得天衣无缝的本领。他真的将那只破花瓶粘得像没破时一样，并将它还给了农场主。他要感谢上帝。神父将他领到了那座石壁前，笑着说："你不用感谢上帝，你要感谢就感谢你自己吧。其实这里根本就没有上帝，这块石壁只不过是块回音壁，你所听到的上帝的声音，其实就是你自己的声音。你就是你自己的上帝。"

当一个人没有依赖思想时，生命的力量就会完全地迸发出来，靠山山会倒，靠人人会跑，只有靠自己才能取得成功。

法国著名作家小仲马年轻时，寄出去的稿件接连碰壁，而这时他的父亲大仲马的名气如日中天。

有一天大仲马得知这种情况，便对儿子说："如果你在投寄稿件时，附上一封信，就说你是我的儿子，情况或许会好多了。"

"不，我不能坐在你的肩头上摘苹果，这样摘来的苹果就没有味道了！"小仲马断然拒绝了父亲的提议。

面对一封封无情的退稿信，小仲马没有沮丧，终于在屡败屡战中写出了不朽的名著《茶花女》。法国文坛的评论家一致认为，这部作品的价值远远超过其父大仲马的代表作《基督山恩仇记》。小仲马终于靠自己的实力登上了文坛的顶峰,如果当年他接受了父亲的建议,那可能一辈子他都要在父亲的羽翼下生存,文坛上就可能不会留下他任何的足迹。

人的命运掌握在自己的手中,改变命运的不是借助外物或他人的权势,而是自己内心的力量——自信、智慧、勤奋等。

我们每个人都是自己的上帝,只要我们怀着必胜的信念,牢牢握住命运的主宰权,那我们的愿望就一定会实现。若只知道乞求别人的帮助,期待天上掉下馅饼,你就永远也不会有成功的一天!

4. 没有一步登天的梯子

不能不明白的道理:

有一只新组装好的小闹钟,被放在了两只旧闹钟当中。两只旧闹钟"嘀嗒"、"嘀嗒"一分一秒地走着。

其中一只旧闹钟对小闹钟说:"来吧,你也该工作了。可是我有点担心,你走完3200万次以后,恐怕会吃不消噢。""天哪!3200万次。"小闹钟吃惊不已,"要我做这么大的事?办不到,绝对办不到!"另一只旧闹钟对小闹钟说:"别听他胡说八道。不用害怕,你只要每秒摆一下就行了。""天下哪有这样简单的事情?"小闹钟将信将疑,"如果真是这样,那我就试试吧。"于是,小闹钟就很轻松地每秒钟"嘀嗒"摆一下,不知不觉中,一年过去了,它摆了3200万次。

成功与我们的距离并不遥远,只要你肯静下心来做好手边的事,不要想一下子就取得成功。路是一步步走出来的,想好现在该做什么,然

第五章
你不能不明白：天上不会掉馅饼

后努力地去完成，你就会离成功越来越近。

曾经听过这样一个故事：在毕业20周年之际，南京的同学组织了一场同学联谊会。

联谊会上，大家把一直还住在乡间的原班主任用专车接了来。老人已年过古稀，头发全白了，手脚都已不便。同学们仿照原来教室的模样布置了聚会的会场，要求各位同学按20年前的座次坐好，将老师请到讲台前。

轮到同学座谈了。大家讲话中都先感谢老师的栽培。班主任听了也不说话，直到临近结束，才站了起来，说："今天我来收作业了。有谁还记得毕业前的最后一节课吗？"

那天是个晴天，班主任把大家带到操场上，说："这是最后一节课了。我布置一个作业，说易不易，说难不难。请大家绕这500米操场跑两圈儿，并记下跑的时间、速度以及感受。"说完便走了。

20年后老师说话了："我离开操场后，在教室走廊上观看了同学们作业的完成情况。现在，20年后的今天，我对作业讲评一下。跑完两圈儿的有4人，时间在15分20秒之内。1人扭伤了脚，1人因为跑得太快摔了跤，有23人跑过1圈儿后觉得无趣，退出后在跑道外聊天儿。其余的嫌事小，没有起步。"

大家惊异于老师记得如此清楚，一下子看到了老师昔日的风采，纷纷鼓掌。掌声落下，老师继续说："我就这次作业，并结合七十余年人生体验，送给各位四句话：其一，成功只垂青有准备的人；其二，身边的小蘑菇不捡的人，捡不到大蘑菇；其三，跑得快，还需跑得稳；其四，有了起点并不意味着有了终点。你们现在都是36岁左右的年纪，又处在世纪之交，尚不是对老师说感谢的时候。请多说说自己的人生作业。"

教室里顿时鸦雀无声。

人们常常抱怨命运的不公，常常感叹世道的不平，并总是在幻想着成功之花在一夜之间绽放，然而天底下哪有免费的午餐，要成功就得付出努力，即使如跑步这么简单的事。

成功也没有别的捷径，只能是脚踏实地，一环扣一环地前进，也就是人们经常说的"一步一个脚印"。再精巧的木匠也造不出没有根基的空中楼阁，任何伟大的事业也都是由无数具体的、微小的、平凡的工作积累的，不愿意干平凡工作的人，很难成大事，世间没有突然的成功，成功的诀窍就是脚踏实地、实实在在地做事。

5. 成功始于梦想止于空想

不能不明白的道理：

理想的现实化——这便是即将到来的时代的任务。不是从一堆从属于人生的盲目惰性的事实中，把理想演绎出来，也不是把理想转入理想的世界，过程恰恰相反：理想世界对物质世界的征服。

——［俄国］托尔斯泰·阿

有了梦想就要积极地把它付诸行动，否则梦想就会变成空想。

古时候，在四川的深山里，有一座几乎无人问津的寺庙。寺庙里住着两个和尚，其中一个很贫穷，经常衣不蔽体，吃得也很简单，总是一副弱不禁风的样子；另一个和尚却很富有，穿着丝绸的衣服，吃着上等的斋饭，大腹便便，脸上油光发亮。

当时，人们都认为南海（今浙江普陀山）是个佛教胜地，很多和尚都把能去一次南海作为自己的人生理想。

第五章

你不能不明白：天上不会掉馅饼

穷和尚对富和尚说："我打算去一趟南海，你觉得怎么样呀？"

富和尚不敢相信自己的耳朵，认真地打量着穷和尚，突然大笑了起来。

穷和尚被他笑得莫名其妙，便问道："怎么了？你干吗笑？"

富和尚觉得不可思议："我没有听错吧！你想去南海？你凭借什么东西去南海啊？"

穷和尚说："我想带着一个水瓶、一个饭钵就够了。"

这一次富和尚笑得更厉害了，"去南海来回好几千里路，路上的艰难险阻多得很，可不是闹着玩的。我几年前就在作准备去南海了，等我准备好充足的粮食、医药、用具，再买上一条大船，找几个水手和保镖，就可以去南海了。你就凭着一个水瓶、一个饭钵怎么可能到达南海？还是算了吧，你简直就是白日做梦嘛。"

穷和尚不再与富和尚争执。第二天，富和尚却发现穷和尚不见了，原来，穷和尚一大早就带着一个水瓶、一个饭钵悄悄地离开了寺庙，步行前往南海而去了。

就如富和尚说的一样，去南海的路非常遥远也很艰辛。但是，穷和尚早就做好了心理准备，一路上，遇到有水的地方就盛上一瓶水，遇到有人家的地方就去化斋。有时，一连几天都遇不上一户人家，他就忍饥挨饿。途中，有些地方是悬崖峭壁，有些地方野兽成群，有时狂风暴雨，有时大雪纷飞。穷和尚一路上尝尽了各种艰难困苦，很多次，他都被饿晕、冻僵、摔倒。但是，他一点也没想到过放弃，始终向着南海走去。

一年过去了，穷和尚终于成功到达了日思夜想的南海。

又过了几年，穷和尚从南海回来了，不仅带着他惯用的瓶钵，还带回了很多经书。而那个富和尚却还在准备买大船呢，最终都没能成行！

富和尚"常立志",只是立在口头上的;穷和尚"立长志",却是踏踏实实地立在行动上。富和尚的条件比穷和尚好多了,但是当穷和尚已经实现自己愿望的时候,富和尚却还在空谈。这个故事的道理其实很简单,即"说一尺不如行一寸"。

林雪是一个幸福的都市女孩,她的父亲是个成功的企业家,母亲则是一名大学教授。命运似乎特别宠爱她,除了良好的家庭背景外,又给了她一副漂亮的脸蛋和甜美的嗓音。林雪最大的理想是成为一名电台节目主持人,她相信自己有这方面的才干,因为她口齿伶俐,反应敏捷,既活泼又大方,她常对朋友说:"只要有人给我一次机会,我就一定会成功!"但她为自己的梦想做了些什么呢?其实什么也没有。她希望在自己逛街或别的什么时候被星探发现,要不然在某个场合碰上一个英明的节目制作人,她每天都在不切实际地期待着,然而奇迹一直也没有发生。因为谁也不会去请一个毫无经验的人去担任电台节目主持人,而且节目的主管也没兴趣跑到外面去搜罗天才。

另一个叫钟爽的女孩却实现了林雪的理想,成了一名著名的电台主持人。钟爽之所以会成功,就是因为她知道,世上没天上掉馅饼的美事,所以不能坐在家里等机会出现。她一边在大学的舞台艺术系念夜校,一边想方设法在电台打零工,再苦再累也不计较,一年之后,她成功地赢得了主管的注意,并在电台选秀中脱颖而出。最开始钟爽只能播报天气预报之类的节目,但两年后她就获得了提升,成为了梦想已久的节目主持人。

梦想贵在身体力行,空谈坐等是什么事也做不成的。林雪拥有良好的条件,但却没能实现自己的梦想,这是因为只会幻想的人得不到真正的机会。生活中像林雪这样渴望天上掉馅饼的人并不少见,这些人沉湎于梦想之中,希望有一天梦想能变成现实。但事实上,这些人永远也不会实现梦想,原因很简单,光想不做只是空想,只有行动才能让梦想成

第五章
你不能不明白：天上不会掉馅饼

真。人的梦想都是确定容易实现难，然而积极地做出行动，难的也会变容易。

心动不如行动，如果你有一个美丽的梦想，那就赶快行动起来吧！勇敢地迈出第一步，你就是在走向成功。

6. 不达目的不罢休

不能不明白的道理：

一只饥饿的松鸡在雪地里寻找食物，它左刨刨，右刨刨，可什么也没有。正在这时，它看见一只灵巧的松鼠正抱着一个玉米大啃大嚼，松鼠告诉它，在前面的田地里有一堆农民忘了收起的玉米，香甜极了。松鸡谢过了松鼠就赶紧向前跑去，它跑了好远还是没有看到玉米。它想：松鼠一定是骗我的！再往前走也找不到玉米。于是它停下了脚步，把头插到雪地里休息。等到第二天太阳出来时，松鸡已经饿死了，北风吹过，雪花飞起，在离松鸡不到50米的地方，一堆金黄的玉米静静地躺在那里。

失败者常常是这样，开始的时候，凭着一股冲劲，雄心万丈，然而经过长途跋涉，精疲力尽，信心就开始动摇，对前途绝望，因此不能坚持到底，以致前功尽弃。

1950年，弗洛伦丝·查德威克因成为第一个成功横渡英吉利海峡的女性而闻名于世。两年后，她从卡德林那岛出发游向加利福尼亚海滩，想再创一项前无古人的纪录。

那天，海面浓雾弥漫，海水冰冷刺骨。在游了漫长的16个小时之后，她的嘴唇已冻得发紫，全身筋疲力尽，而且一阵阵战栗。她抬头眺望远方，只见眼前雾霭茫茫，仿佛陆地离她还十分遥远。"现在还看不到海岸，看来这次无法游完全程了。"她这样想着，身体立刻就瘫软下来，甚至连再划一下水的力气都没有了。

"把我拖上去吧！"她对陪伴着她的小艇上的人说。

"咬咬牙，再坚持一下。只剩一英里远了。"艇上的人鼓励她。

"别骗我。如果只剩一英里，我就应该能看到海岸。把我拖上去，快，把我拖上去！"

于是，浑身瑟瑟发抖的查德威克被拖上了小艇。

小艇开足马力向前驶去。就在她裹紧毛毯喝了一杯热汤的工夫，褐色的海岸线就从浓雾中显现出来，她甚至都能隐隐约约地看到海滩上欢呼等待她的人群。到此时她才知道，艇上的人并没有骗她，她距成功确确实实只有一英里！她仰天长叹，懊悔自己没能咬咬牙再坚持一下。

一个人一旦确立了目标，不论它距离我们有多远，都应该坚持到最后。强者是坚持到最后的人，查德威克就失败在没能再坚持一下。

巴尔扎克说："苦难对于一个天才来说是一块垫脚石，对于能干的人来说是一笔财富，而对于庸人来说却是一个万丈深渊。"坚强刚毅的性格和坚持到底的韧劲是强者区别于庸者的必要条件。在厄运面前不屈从，在困难面前不低头是英雄的表现。在生活的挫折和打击面前，垂头丧气，自暴自弃，丧失继续前进的勇气和信心，则是懦夫的行为。

凡事贵在坚持。正像减肥一样，你可能要忍受少吃、少睡的痛苦，可能要忍受多劳动、多运动的劳累，还可能要忍受一时半日没有效果而造成的失望煎熬。但只要你认真地坚持下去，终有一天会发现——你瘦了！

第五章
你不能不明白：天上不会掉馅饼

可是有些人却急于求成，在坚持了一段时间后，发现效果并不明显，便在即将大功告成之前恢复以前的生活方式，大吃大喝、中午午睡、晚上早睡，运动衣裤更是束之高阁。

这种一曝十寒的做法，不要说减肥，无论是做任何事，都不会有成功的一天。不是说方法不对，而是行事的态度出了差错。

人往往都能在事业初期充满奋斗的热情，保持旺盛的斗志，在这个阶段普通人与杰出的人是没有多少差别的。

然而往往到最后那一刻，顽强者与懈怠者便显示出了不同。前者咬牙坚持到胜利，后者则丧失信心放弃了努力，于是便得到了不同的结局。

哥伦布在他每天的航海日志上最后一句总是写着："我们继续前进！"这句话看似平凡，实则包含无比的信心和毅力。就凭着这一股勇往直前的精神，他们向着茫茫不可知的前途挺进，横跨惊涛骇浪，历经蛮荒野地，克服了无数的艰难险阻，终于发现了新大陆，完成了历史上惊人的壮举。

许多失败者的悲剧，就在于被前进道路上的迷雾遮住了眼睛，他们不懂得忍耐一下，不懂得再跨前一步就会豁然开朗，结果在胜利到来之前的那一刻，自己打败了自己，因而也就失去了应有的荣誉。

"行百里者半九十"，最后那一段路往往是最难走的，在我们筋疲力竭的情况下，即使一个小小的变故都可能把我们击倒，所以意志就显得格外重要。再坚持一下！因为胜利就来自于"再坚持一下"的努力中。

7. 世界上只有一个你

不能不明白的道理：

从前有一只兔子，遇到一只蜈蚣。兔子用怀疑的眼睛打量了蜈蚣朋友一下，对他说："我用四只脚走路都会绊倒脚，你用一百只脚，怎么可能走路呢？"蜈蚣本来没有想过这个问题，但在听过兔子的问题后，他失眠了。他的脑袋一直在想："对，兔子也许说得对，奇怪，我怎么能够用一百只脚走路呢？如果我只用其中四只脚走路，是不是会走得像兔子一样快呢？"第二天早上醒来，蜈蚣就不会走路了。

你是不是有时候也会质疑自己？也觉得无法埋首于任何事？许多人都有"觉得现在的自己不像真正的自己"、"不知道自己现在到底最想做什么"的情形。于此状态下，不管做什么都得不到充实感，只感觉疲倦而已。连做什么好、想做什么、都不知道，只心灰意冷，在无力感中过日子。由于有一种无法脚踏实地的不安感，于是便无法埋首于任何事物。

生命对于每一个人来说都只有一次，珍惜生命首先是要尊重自己的生活方式，只有这样，人生的负重和疲惫才会在自己充满乐趣的生活方式中得到减轻和复原。为自己而生活，表面上看起来有点自私，然而，又有谁能否认只有在为自己而愉快健康地生活的基础上，才能更好更持久地为社会、为别人作奉献呢！

人来到这个世界，就是来走上帝所赠与我们的路。这是一种幸运，不是吗？不管是遍地荆棘，还是到处是花，我们都同样地来到这个世

第五章

你不能不明白：天上不会掉馅饼

界。同呼吸，同看日出日落。大人物有大人物的追求，小人物有小人物的向往。而不管你是一个什么样的人，都不要怀疑自我存在的价值。

有一个女孩，她生来就有六个手指，两只手都是，为了这双畸形的手，从小到大她吃了不少苦头。上了大学后，她喜欢上了班里的一个男孩，那个男孩是学生会干部，又高又帅，又有风度，迷倒了校内无数女孩。毕业前夕，女孩忍不住心中的渴望，她想对那个男孩表白，她把这件事告诉了她的好朋友，她的好朋友吃惊地看着她："天啊！我知道他对你不错，还几次跟别人夸过你，可你确定他对你有那个意思吗？你的手——你们真的不太相配！"女友的话击垮了女孩的信心。第二天一早，女孩就向学校递交了去支援西部的志愿书，没有和任何人告别，一个人伤心地去了西部当老师。有一天她正在上课时，一个小女孩握着笔哭了起来。"怎么了？"她温柔地问那个小女孩，女孩抽泣地伸出手："为什么我不能跟你一样？我也想要老师那样美丽的手！"小女孩的话让她呆住了！她第一次想到原来自己也被别人羡慕着，原来自己也有存在的价值，真不明白，以前自己为什么会否定自我呢？她跑到公用电话亭，拨通了男孩的手机，将自己的心路历程明明白白地告诉了他，电话里那男孩沉默了几秒钟，然后他大声说："等着我！处理完这边的事我马上去找你，请等着我！"

其实，女娲造人时并不公平：有的人俏，有的人丑；有的人健康强壮，有的人百病缠身；有的人出生时身体完美无缺，有的人却缺手缺脚。但无论如何，人活在世上总要生活。问题是你是否热爱生活，能否认清自我的真正价值。

如果个人对价值理念缺乏定向，往往会导致个人对现存社会价值观念产生怀疑和不满，无法确信生活的意义而使自我迷失。每个人到了老年期会反省过去的一生，将前面的生命历程整合起来，以评估自己的一生是否活得有意义、有价值，是否已达到自己梦寐以求的目标。个人如果认为自己拥有独特的并且有价值的一生，便会觉得一生完善无缺、死而无憾，而且由经验中产生超然卓越的睿智，更能无惧地面对死亡。相反，如果否定自己一生的价值，便会对以往的失败悔恨，余生充满悲观和绝望。因此，不要怀疑自己，更不要否定自己！因为，无论如何，世界上只有一个你，你是独一无二的。"三军可夺帅，匹夫不可夺志"，别人否定你并不可怕，自己决不要否定自己。"人皆可以为尧舜"、"众生平等，皆可成佛"，如果把尧、舜、佛理解为能参悟宇宙规律的大师，那么这些话可以理解为在真理面前人人平等，人人都能创造。

  每个人都有自己的天性、适合自己的生活方式，每个人都有自己存在的价值，不要妄自菲薄，不要理会别人的质疑，因为世界上只有一个你。

第六章

你不能不明白：名利并不是生活的全部

很多人都认为：人生在世，不过名利二字。于是为了金钱，为了权力，他们苦苦钻营、疲于奔命。但这样一来，他们就错过了很多美好的事情：为了金钱患得患失的时候，错过了与家人共享天伦的欢乐；为了权力与人钩心斗角时，没能享受到生活的自在与悠闲。其实名利不过是身外之物，生不带来、死不带去，也不是衡量生命质量的标准。对我们来说，享受生活才是最重要的。

1. 别让自己活得太累

不能不明白的道理：

有一个富翁背着许多金银财宝，到远处去寻找快乐。可是走过了千山万水，也未能寻找到快乐，于是他沮丧地坐在山道旁。一个农夫背着一大捆柴草从山上走下来，富翁说："我是个令人羡慕的富翁。请问，为何没有快乐呢？"

农夫放下沉甸甸的柴草，舒心地揩着汗水："快乐也很简单，放下就是快乐啊！"富翁顿时开悟：自己背负那么重的珠宝，老怕别人抢，总怕别人暗害，整日忧心忡忡，快乐从何而来？于是他将珠宝抛在地下，乐呵呵地下山了。

有些外在富足的人可能是最痛苦、最不幸的人，在澳大利亚和加拿大，有近二百万的富人正陷在沮丧情绪中，被迫接受医院的治疗。而一些人虽然贫穷，但却活得潇洒快乐，很多时候快乐其实是内心的富足，与金钱无关。

现在社会上很多人都说自己活得太累，是因为工作忙累吗？不见得。生活中有的人"一杯茶，一支烟，一张报纸看半天"也喊累。是个人家庭负担过重吗？也未必。感叹"活得太累"者中，不少人是人生旅途一帆风顺、丰衣足食者，断无生计之忧与养家糊口之虑。

那么，这些人"累"从何来？原因应该说是多方面的，除了生活节奏的加快、人际关系的复杂、不良风气的影响等客观因素外，从主观上来说主要的是欲望之累。人皆有欲，但欲不可纵。有道是"欲壑难

第六章
你不能不明白：名利并不是生活的全部

填"，大凡说"活得累"者，都与欲望过奢有关。有些人比下有余，却总想着比上不足，于是便生出许多不满足：官不够大，钱不够多……而这些不满足不是转化为积极上进、参与竞争的动力，而是怨天尤人。在这种精神状态的支配下，当然不会"心想事成"、"万事如意"，于是只有叹息"活得累"了。

在东方的一个国度里，有一对贫穷而善良的兄弟，他们靠每天上山砍柴过着艰辛的日子。一天，兄弟二人在山上砍柴时，正好遇见一只老虎在追咬一个老人。兄弟俩奋不顾身地与老虎搏斗，终于从老虎口中救下那位须发皆白的老人。这位老人是一位神仙，他念及兄弟俩的善良和勇敢，于是许愿帮助他二人得到快乐，并让他们每人点一样物品，作为送给他们的礼物。

哥哥因为穷怕了，想要有永远用不完的金银财宝，于是，神仙送给他一个点石成金的手指，任何东西，只要他用这手指轻轻一触，就会立即变成金子。哥哥如愿以偿地成了富人，买了房子置了地，娶妻生子，过着十分富有的生活。

遗憾的是，金手指也成了他的一种负担。因为，只要他稍一不小心，他眼前的人和物就会在瞬间变成冷冰冰的、没有生命的金子。他甚至把他最宠爱的小女儿也变成了金子。朋友们都对他敬而远之，家人们也小心翼翼地防着他。守着取之不尽、用之不完的钱财，哥哥说不出自己是快乐还是不快乐。

而弟弟是一个单纯的人，他希望自己一辈子快快乐乐。于是，老神仙给了他一个哨子，并告诉他：无论什么时候，无论遇到什么事情，只要轻轻地吹一吹哨子，他就会变得快乐起来。

弟弟还是像以前一样，过着艰苦的生活，仍然需要与各种艰难困苦进行抗争，仍然需要靠辛勤的劳动获取温饱。但是，每当他遇到一些不称心如意的事情的时候，他就取出那只哨子，那动听的声音，就像一缕缕和煦的阳光，像一阵阵温暖的春风，驱走了他的忧伤和愁苦，给他带来快乐。

　　快乐是我们每一个人都在追寻的。这种追寻贯穿了我们的一生。然而，快乐的源泉在哪里？却不是每一个人都能找得到的。

　　生活中大多时候我们总是不满足，我们的心一直都在流浪旅行，我们从来没有走在回家的路上——我们永远不满足。

　　当我们没有房子时，就在想：如果有一间自己的房子就好了，哪怕是一间小小的平房；当我们住进楼房后，又想：怎么人家有别墅呢？空间又大、又有草地，这个小楼房算什么？……

　　而要想活得轻松一些，就是凡事豁达一点，洒脱一点，不必把一点点小惠小利看得过重，而要达到这种超脱境界，关键是寻求心灵的满足。如果一心想着个人享乐，贪恋钱欲、官欲，便无异于作茧自缚，不仅自己活得精疲力竭，还会危害他人。快乐若来自于物欲的满足，是短暂而不幸的，物欲没有止境，人生就会永无宁日，为了无休止的私欲，注定得与四周环境为敌。而只有来自于心灵的快乐，才是永久而幸福的。才有宁静、恬淡、平和之感，才有欣赏良辰美景的内在之眼。

　　人们之所以活得累，就是因为眼睛总盯着名利不放，这样活着会很辛苦。很多时候执著也是一种负担，何不学着放下呢？放下了贪念，你就可以拥有真正的快乐。

2. 钻进钱眼里你将一无所有

不能不明白的道理：

　　一个人爱上了一个美丽的女孩，他日夜向上帝请求，希望能娶她为妻。有一天上帝降临了，他说："孩子，去找那个女孩吧！她正等着你

第六章
你不能不明白：名利并不是生活的全部

呢！"那个人兴奋了一下马上又消沉了："再等一下吧！我要努力赚钱，给她买个美丽的钻戒。"第二年，上帝来催他，他还是在犹豫："再给我一年时间吧，我要买一辆漂亮的车带她去兜风。"上帝摇摇头走了。第三年，上帝一出现，他连忙说："再等——""不，"上帝打断了他的话，"我只是来告诉你，那个女孩昨天已经嫁给了一个穷小伙子，两人骑着脚踏车蜜月旅行去了！"

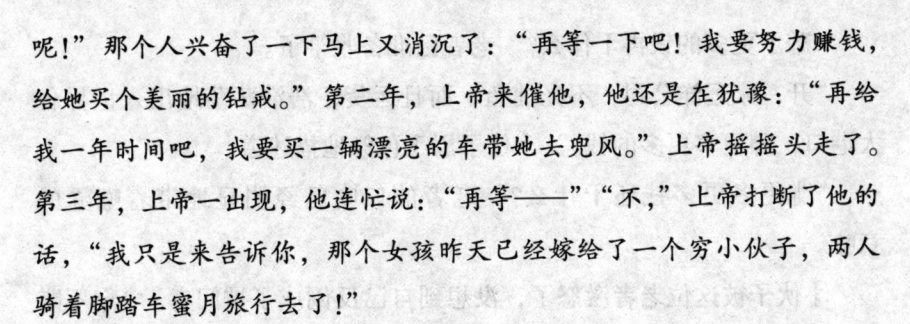

我们总是认为必须有钱才能享受生活，事实上享受生活只和你的心态有关，和你的金钱并没有太大的关系。

在一个美丽的海滩上，有一位不知从哪儿来的老翁，每天坐在固定的一块礁石上垂钓。无论运气怎样，钓多钓少，两小时的时间一到，便收起钓具，扬长而去。

老人的古怪行为引起了一位后生的好奇。一次，这位小伙子忍不住问："当您运气好的时候，为什么不一鼓作气钓上一天？这样一来，就可以满载而归了！"

"钓更多的鱼用来干什么？"老者平淡地反问。

"可以卖钱呀！"小伙子觉得老者傻得可爱。

"得了钱用来干什么？"老者仍平淡地问。

"你可以买一张网，捕更多的鱼，卖更多的钱。"小伙子迫不及待地说。

"卖更多的钱又干什么？"老者还是那副无所谓的神态。

"买一条渔船，出海去，捕更多的鱼，再赚更多的钱。"小伙子继续回答。

"赚了钱再干什么？"老者仍是显出无所谓的样子。

"组织一支船队，赚更多的钱。"小伙子心里直笑老者的愚钝不化。

"赚了更多的钱再干什么？"老者已准备收竿了。

"开一家远洋公司，不光捕鱼，而且运货，浩浩荡荡地出入世界各大港口，赚更多更多的钱。"小伙子眉飞色舞地描述道。

"赚更多更多钱还干什么？"老者的口吻已经明显地带着嘲弄的意味。

小伙子被这位老者激怒了，没想到自己反倒成了被问者。"您不赚钱又干什么？"他反击道。

老人笑了："我每天只钓两小时的鱼，其余的时间，我可以看看朝霞，欣赏落日，种种花草、蔬菜，会会亲戚朋友，悠哉悠哉，更多的钱对于我何用？"说话间，老人已打点行装走了。

抛弃了功利的思想，悠闲自在地在沙滩上垂钓，不用为钱耗费心力，不用与人钩心斗角，这是一种多么令人神往的人生境界啊！然而生活中，很多人还是认为只有自己挣到了足够的钱，才能不再为钱忧心，自在地享受生活了，然而真的是这样吗？

雷先生是一个成功的商人，家有娇妻爱子，汽车洋房，还有令人羡慕的事业，人人都说雷先生实在太幸运、太幸福了，但雷先生却总觉得自己活得很累：从早到晚应酬不断，私底下恨不得将对方一斩两段，表面上却还得跟对方称兄道弟，推杯换盏；生意场上费尽心力，明争暗斗，没完没了；公司里忙忙碌碌，事无大小都得亲历亲为……更可气的是回到家里妻子和孩子还不理解他，妻子指责他冷落了自己，孩子埋怨他不带自己出去玩，雷先生也一肚子火，自己在外这样拼死拼活都是为了多赚点钱，让一家人生活得更幸福，怎么一片好心倒落了一身埋怨呢？这不，为了工作他决定将已经一再推迟的家庭旅游计划再推迟一段时间，这个决定惹恼了妻子，两人大吵一架后，妻子带着孩子回娘家了，留下雷先生一个人在家喝闷酒：我到底哪儿做错了？

雷先生显然错解了幸福的含义，他似乎认为拥有的金钱越多，生活

第六章
你不能不明白：名利并不是生活的全部

就越幸福，他也总在想：等我拥有足够的金钱，我就可以放下一切，自由地享受生活，然而金钱的诱惑常常似乎与手头拥有的数目直接成正比例：你拥有越多，你越想要。金钱能够买到舒适，促进个人自由，但一旦钻到钱眼里，金钱就会束缚个人的自由。因此，雷先生如果不改变心态，那么即使拥有更多的钱，他也仍旧无法为自己和家人带来快乐。

亚里士多德曾这样描写那些富人们："他们生活的整个想法，是他们应该不断增加他们的金钱，或者无论如何不损失它。**一个美好生活必不可缺的是财富数目，财富数目是没有限制的。但是，一旦你进入物质财富领域，很容易迷失你的方向。**

四十五岁的银行家弗兰克说："虽然我拥有超过二百万英镑的财产，但我感到压力很大，我不能在每年十五万英镑的基本收入的基础上使收支相抵。我想也许我正在失控，我总是苦于奔波，但我还是错过了好多约会。当我不得不做决定时，我感到好像有人把他的拳头塞进了我的肠子里并不松手。午夜时，我会爬起来开始翻报表，我只是想让我平静下来。我无法睡觉，无法停下来。然而我还是不能取得进步。"

迷恋金钱有多种表现方式，弗兰克只是体现出其中一些。然而，有一条把所有这些情况贯穿起来的共同线索，在这一点，金钱作为美好生活的手段的价值消失了，金钱本身成了一种目的。当它被置于爱情、信任、家庭、健康和个人幸福之前时，它总是倾向于腐烂。

不要抓住金钱不放，你可以随时享受生活，而不必限定在有了一定数量的金钱以后。

3. 安适的生活比金钱更重要

不能不明白的道理：

一只公鸡和一只母鸡在草地上刨虫吃，突然公鸡刨出了一块闪亮耀眼的东西，那是一块足有3克拉的钻石。"哦，亲爱的，"母鸡高兴地说，"我们把它带回去好吗？它太美了！"公鸡摇摇头："不能那样做，万一钻石被主人发现了，他一定认为还有别的钻石被我们吞掉了，然后就会宰掉我们找钻石，我们就再也不能在草地上散步、捕虫吃、晒太阳了！"公鸡说完，一脚就将钻石踢入草丛中。

很多人都希望自己能过上富有、奢华的生活，然而当他们真的拥有了这一切时，却又发现自己并没有想象中的快乐。

某地曾经发生过这样一件事：一对新婚夫妇从农村去城里打工，妻子在一所学校附近开了一个小小的成衣铺，丈夫则在市场里卖蔬菜，两人挣得都不多，但维持日常的用度却也足够了。那时他们最大的愿望就是努力赚钱，在城里买个房子。有一天妻子路过一个彩票销售点，就顺手买了一张，没想到好运从天而降，她居然中了五百万。夫妇二人高兴的不得了——这一辈子都可以吃喝不愁了。可是把钱放在哪儿呢？放在家里，两人就会每天提心吊胆，存在银行里的话，哪个银行可靠呢？存在谁的名下呢？两人为这个问题吵了好久，几乎翻了脸，这还只是一个开始。以后的一段日子里，双方的亲戚朋友一批批的来找他们借钱，而且数目都不小，无奈之下两人只好一视同仁，无论来的是谁一律拒绝，不到一个月，亲戚朋友就得罪光了。这一夜，两人无言对坐，妻子摸了

第六章
你不能不明白：名利并不是生活的全部

摸落满灰尘的缝纫机，眼泪突然流了下来：自己明明有了很多钱，为什么却觉得失去了很多？

生活中，很多人也都像这对夫妻一样，羡慕别人人生里有无尽的风光和色彩，羡慕别人拥有的财富和名利，但是等他们拥有了原来自己所渴望的东西，他们却没有了快乐的感觉，反而茫然若失。很多时候我们得到了金钱，却失去了自己，无法弄清自己真正需要的是什么。

镇里的老街上有一个铁匠铺，铺里住的是一个老铁匠，他已经80多岁了，身体却还是很强健，过去给人打斧头、打铁犁，不过近几年他主要以打拴宠物狗的链子为营生。他的经营方式非常古老和传统，人坐在门内，货物摆在门外，不吆喝，不还价，晚上也不收摊。你无论什么时候从这儿经过，都会看到他在竹椅上躺着，眼睛微闭着，手里拿着一只半导体小收音机，身旁是一把紫砂壶。他每天的收入，正够他喝茶和吃饭的。他觉得自己老了，已不再需要多余的东西，因此非常满足。

一天，一个文物商人从老街上经过，偶然间看到老铁匠身旁的那把紫砂壶古朴雅致，紫黑如墨，有清代制壶名家风格。他走过去，顺手端起那把壶。发现壶嘴处有名家的印章，商人惊喜不已。

商人想以15万元的价格买下那把壶。当他说出这个数字时，老铁匠先是一惊，后又拒绝了，因为这把壶是他爷爷留下来的，他们祖孙三代打铁时都喝这把壶里的水，他们的汗也都来自这把壶。

壶虽没卖，但商人走后，老铁匠有生以来第一次失眠了。这把壶他用了近60年，并且一直以为是把普普通通的壶，现在竟有人要以15万元的价钱买下它，他转不过神来。

过去他躺在椅子上喝水，都是闭着眼睛把壶放在小桌上，现在他总要坐起来再看一眼，这让他非常不舒服。特别让他不能容忍的是，当人们知道他有一把价值连城的茶壶后，蜂拥而来，有的问还有没有其他的宝贝，有的甚至开始向他借钱。他的生活被彻底打乱了，他不知该怎样处置这把壶。

当那位商人带着20万元现金，第二次登门的时候，老铁匠再也坐不住了。他召来左右店铺的人和前后邻居，当众把那把壶砸了个粉碎。

现在，老铁匠还在卖拴小狗的铁链子，他已经98岁了。

对于真正享受生活的人来说，任何不需要的东西都是多余的。要那么多的钱干什么？对于老铁匠来说，房子再大，适合睡眠的却只是一张床；锦衣玉食并不合他的心意，麻衫布褛、白粥咸蛋才是他的最爱。而这样的生活，需要那么多的钱干什么？

我们应该平静地面对生活给予的一切，不要让欲望这个没有止境的黑洞来洞穿我们的心灵。因为一旦我们的心灵上有了缺口，那么冷风就会肆无忌惮地在其中来回穿行，让我们终生失去温暖，变得孤单而寒冷。

也许，在我们今天的这个社会里，要冷静而坦然地面对身边的名利，可能很难，一般人都无法在心理上达到平衡。其实，与充满金钱的生活相比，平淡清贫不存在真正意义上的缺失和悬殊。金钱，生不带来，死不带去，而享有一次像老铁匠一样真正没有缺憾的生命，才是我们所追寻的人生价值之所在。

对一个人来说，最重要的就是能以自己喜欢的方式生活，有时候过多的金钱反而会成为你最大的负担。

第六章
你不能不明白：名利并不是生活的全部

4. 知足者常乐

不能不明白的道理：

有些人因为贪婪，想得到更多的东西，却把现在所有的也失掉了。
——［古希腊］伊索

人们总是认为自身的欲望得到满足时，才会感到幸福，然而人的欲望就像一个无底洞，什么时候才能满足呢？因为贪得无厌，因为不知足，所以很多人都在名利中迷失了自己。

有一个农民想买一块土地，他打听到有个地方的人想卖地，于是就到了当地，向当地人询问土地的价格。

当地人说："只要交 2000 块钱，给你一天的时间，从太阳升起的时候算起，直到太阳落下地平线，你能用步子圈多大的地，这些地就都归你了；但是在太阳落下地平线之前不能回到起点的话，这些土地你将一寸也得不到。"

农民心里想："那我辛苦一点，多走一些路，就可以圈更大的土地了，这样的生意实在是太划得来了。"于是他就和当地人签订了合约。

天刚刚亮，他就迈着大步向前奔走。到了中午，他也顾不得吃饭，当回头时他已经看不见了出发的地方。但是他仍然不停地往前走，心里在想："再忍耐一点，以后就可以多享受一点了。"

他又走了好远的路，眼看太阳就要落山了，他心里非常着急，因为太阳下山之前他不赶到起点，这些土地将都不属于他了。于是他大步往回赶，可是太阳很快就要落到地平线以下了，终于他耗尽了全身的力气,这时离起点只剩两步了,当他倒下的时候两只手刚好触到起点的那条线。那片土地归他了,可是又有什么用呢?他已经失去生命了。

我国古代南朝的中书令王僧达,从小聪明伶俐,但却养成了不知检点的毛病。孝武帝即位时,他被提拔为仆射,位居孝武帝的两个心腹大臣之上。王僧达也因此更加自负,以为自己在当朝大臣中,无人能及。他在朝时间不长,就开始觊觎宰相的位置,并时时流露出这一情绪。谁知,事与愿违,就在他踌躇满志之时,却被降职为护军。此时,他并没有醒悟,仍惦记着做官,并多次请求到外地任职。这又惹怒了皇上,他被再次削职。这回,他终于因羞成怒,对朝政看不顺眼,所上奏折,言辞激昂,终于被人诬为串通谋反而被赐死。

王僧达的死,究其原因在于其不知足。因为,按照他的年龄、资历,没几年就升到仆射一职,已属不易了。可他竟想入非非,以为"一人之下,万人之上"的宰相非他莫属了。岂料,事情的发展有许多是不以人的意志为转移的。于是,一个筋斗使他从云雾中翻滚了下来,遭到了灭顶之灾。可以这样说,是追名逐利的贪心送了王僧达的性命。

由于贪婪,穷人和王僧达都失去了自己的生命,没有了生命,贪婪得来的东西又有什么意义呢?欲壑难填,正是人性中最大的缺憾。而不知足的人,即使有再多的金钱、再高的地位,他也无法获得幸福。

从前,印度有一个贵族老爷,他最高兴的事情就是发财,但是如果让他为别人花个小钱,他都会非常不高兴。大家全都管他叫吝啬鬼。而这个吝啬鬼最发愁的是明天赚不到大钱,最担忧的是子孙将来守不住他的财产。这些忧愁常常搅得他吃不香睡不着。

一天,都城来了一个修道的圣人。很快百姓就传开了:说这个圣人可以满足任何人的任何愿望。贵族一听,高兴坏了,心说一生中的最大愿望就要实现了。他立即来到圣人住的庙里,把自己的愿望告诉圣人。圣人说:"你的愿望一定能够实现,不过有一个条件。"贵族吓了一大

第六章
你不能不明白：名利并不是生活的全部

跳，怀疑圣人是想叫他施舍财物，可他又想，自己的最大愿望就要实现了！管他提什么要求呢！一咬牙说出了平生从来没说过的话："什么条件？圣人啊，请说吧，我一定会照办的。"

圣人说："你家旁边住着一户人家，家中只有母女俩。明天你给她们送一点粮食去。"贵族心想，这比起他要实现的最大愿望，简直算不上什么，于是，高高兴兴地答应了。

他拿着一小袋粮食来到那户人家里的时候，那母女俩正快快乐乐地忙着干活。他对母女俩说："请收下这点儿粮食吧，这样你们就有吃的了。"那母亲说："谢谢你，今天我们有粮食吃，我们不要，你拿回去吧！"贵族说："过了今天，还有明天，你们留着明天吃吧！"那母亲却坦然地说："明天的事我们不担心，我们从不为明天的事情发愁，天无绝人之路，老天爷不会让我们饿死的！"说完又埋头干活去了。

听了这话，贵族先是惊愕，接着似乎恍然觉悟。他感到无地自容，赶快离开穷人家，来到圣人那里，非常恭谨地行了个礼，然后说："圣人啊，我感谢您满足了我的最大愿望，是您给了我幸福的钥匙，说真的，不知足的人在这个世界上是永远不会找到幸福的。"

知足者常乐，不知足者常忧。他要是不知足，就永远不可能获得幸福；他要是知足，幸福就会不请自到。贵族一直在找幸福，他以为幸福的钥匙在圣人手中，没想到这把钥匙竟在穷邻居那里。他从穷邻居的言谈中悟到了幸福的真谛——珍惜所拥有的，不去奢求那些遥不可及的或者本不属于你的。

人的欲望是很难满足的，所以我们要学会知足，不能对自己的私欲放任自流，别让欲望毁了你的生活。

5. 金钱也会"谋杀"幸福

不能不明白的道理：

一无所有的人是有福的，因为他们将获得一切。

——［法国］罗曼·罗兰

每个人都喜欢金钱，因为金钱可以让人生活得更舒适，行动更自由。比如说，有了钱，我们就可以去各地旅行；有了钱，我们就可吃遍各种美食，有了钱……但对于金钱和财富，我们要持有一种健康的心态才行，要不然即使有大把的金钱你也不会快乐，也不懂得运用它。我们生活的目的大多数是想生活得更好一些。然而我们又不可过于看重金钱。**财富基础是生活稳定的美好前提，但是我们要清楚，财富数目是永远没有止境的，一旦我们开始狂热地追求财富，是很容易迷失方向的。**

有这样一对青年，他们婚后生活得美满幸福，并且有了两个可爱的孩子，邻居们都非常羡慕他们。然而，丈夫总觉得自己的家庭与他见到的富户相比，显得太寒酸了。于是，他告别了妻儿老小，终年奔波在外，处心积虑地挣钱。天长日久，妻子感到家庭冷清沉寂，尽管有了更多的钱财，却无异于生活在镶金镀银的墓穴中。孩子长大了，却没有见过爸爸。后来，爸爸终于回来了，可是，他在一次生意中被人骗而破了产，成了一个衣衫褴褛、垂头丧气的人。孩子望着这位泪流满面的"叔叔"，惊异地说："要饭的，我妈妈不在家，待会儿，她买好吃的回来了，再给你吃吧！"

妻子回来了，她是位忠厚、贤惠的妇人，多年来，她一直惦记奔波

第六章
你不能不明白：名利并不是生活的全部

在外的丈夫，看到丈夫的那一刻，她什么都明白了。

丈夫像孩子似的扑进妻子的怀里，泣不成声地说："完了，一切都完了，我的心血全被那帮坏蛋吸干榨尽了，我没有活路了，我的路走完了，我后悔死了。"

妻子满是怜惜地看着丈夫，仔细地听完了丈夫的哭诉，然后，她用手轻抚他的头发，脸上露出了几年来从未有过的微笑，说："你的路曾经走错了，但现在你的心终于回来了。这是我们全家真正幸福生活的开始。只要我们辛勤劳动、安居乐业，幸福还会伴随我们。"

从此以后，夫妻二人带着两个孩子辛勤劳动，共同经历风雨，用自己的汗水换来了丰硕的成果。尽管他们的生活并不奢华，但爱充溢着他们的心房，他们重新找回了昔日生活的美好，也懂得了生活真正的含意。

有一对很要好的朋友在树林里散步，突然有个乞丐慌忙地从丛林中跑出来，他们便问道："什么事让你这么惊慌失措？"

乞丐说："太可怕了，我在树林里挖到了一堆金子！"

两个人心里禁不住地想："这个人真是傻瓜！挖到黄金，这么好的事情居然觉得害怕！"于是他们问道："你在哪里挖到的？能告诉我们吗？"

乞丐问："这么厉害的东西，你们不怕吗？它会吃人的！"

那两个人不以为然地说："我们不怕，请你告诉我们在哪儿吧！"

乞丐说："就在森林最东边的那棵树下面。"

两个朋友立刻找到那个地方，果然发现了很多金子。

一个人对另一个人说："这个乞丐真是愚蠢，有这些金子他根本用不着再讨饭了，而且人人渴望的金子在他眼里却成了吃人的东西！真是个傻瓜，难怪要一辈子讨饭。"

另一个人也随声附和地点头称是。

他们于是讨论怎么处置这些金子,其中一人说:"白天拿回去不太安全,还是晚上再拿回去吧。我在这儿看着,你回去拿些饭菜,我们等到天黑再把金子拿回去吧。"

另外一个人就照他说的去做了。留下的那个想:"如果这些金子都归我一个人多好呀。等他回来,我就用棍子打死他,这些金子就都属于我了。"他开心地笑了。

回去拿饭的那个也在想,独占这些金子该多好呀,于是就在饭菜里下了毒,要毒死他这位朋友。

刚回到树下,那个朋友就用木棍将他打死,然后说道:"亲爱的朋友,我本不想杀你的,可是这堆金子逼迫我这样做的。"

之后,他拿起朋友送来的饭菜,狼吞虎咽地吃起来了。没过多久,他就觉得肚子里如火烧一样,他知道自己中毒了,临死前他无限感叹地说:"乞丐说的话真是一点都不错呀!"

为了金钱杀害自己最亲密的朋友,人为财死,鸟为食亡,这是多么悲哀的一幕!因为贪念而放不下,这是非常危险的,它伤害的不仅是自己,而且是别人,甚至可能是我们至亲至爱的人。

当我们过分迷恋于金钱时,金钱就会使人性变得畸形,它就像一个理智的杀手一样,把人引诱到一个可怕的竞争中,并残忍地斩断亲情、友情和爱情。

金钱是获取美好生活的一种手段,而不是万能的神明。过分执迷于金钱,人的情感就会变得冷漠;过分追逐金钱,人就会产生妒忌和猜疑。所以我们应当学会正视金钱,别让金钱谋杀了你的幸福。

第六章

你不能不明白：名利并不是生活的全部

6. 别贪恋身外之物

不能不明白的道理：

有一个人想得到一块土地，地主就对他说，清早你从这里往外跑，跑一段就插个旗杆，只要你在太阳落山前赶回来，插上旗杆的地就都归你。那人于是拼命地跑，太阳偏西了还不知足。太阳落山前，他是跑回来了，但已精疲力竭，摔个跟头就再也没起来。于是有人挖了个坑，就地埋了他。牧师在给这个人做祈祷时说："一个人要多少地呢？就这么大。"

人们总是拼命地追求金钱、权力、地位……苦苦追寻这些身外之物，给自己带来了精神上沉重的压力，甚至活得喘不过气来。

有一位国王，名叫伽南。他喜欢聚敛财宝，希望把财宝带到他的后世去，心里想："我要把一国的珍宝都收集到我这儿来，不能让外面有一点儿剩余。"

因为贪恋财宝，他甚至把自己的女儿放在高楼上，吩咐她身边的侍女说："要是有人带着财宝来求我的女儿，就把这个人连同他的财宝一起送到我这儿来！"他用这样的办法聚敛财宝，所有的金钱宝物都进了国王的仓库。

有一个寡妇的儿子看见国王的女儿姿色美丽，容貌非凡，十分喜爱。但是他家里没有钱财，没法结交国王的女儿。为了这事，他生起病来，身体瘦弱，气息奄奄。

母亲问他："你害了什么病，怎么会病成这个模样？"

儿子把事情告诉了母亲，说："我要是不能和国王的女儿交往，必死无疑。"

母亲对儿子说："可是国内金钱宝物，一无所剩，到哪里去弄到宝物呢？"

母亲又想了一会儿，说："你父亲死的时候，口里含有一枚金钱。你要是把坟墓挖开，可以得到那枚钱，用那钱去结交国王的女儿。"

儿子照着母亲的话，就去挖开父亲的坟，从口里取出那枚金钱。他拿到了钱，来到国王女儿那儿。这时国王的侍女便把他连同那枚金钱送去见国王。

国王见了，说："国内所有的金钱宝物，除了我的仓库中，都荡然无存。你在哪里弄到这枚金钱？你今天一定是发现了地下的窖藏了吧！"于是国王用种种刑法，拷打寡妇的儿子，要问清楚他得到钱的地方。

寡妇的儿子回答国王说："我真的不是从地下的窖藏中得到这枚金钱的。我母亲告诉我，先父死的时候，口中含着一枚钱。我挖开坟墓，由此得到的这枚钱。"

伽南国王派人去检查真假，果然看见了此人父亲口中放钱的地方，这才相信了。伽南国王听了差人的报告，心里暗自想道："我先前聚集一切宝物，想的是把这些财宝带到后世。可是那个死了的父亲，却连一枚钱都带不走，何况我这样多的财宝呢？"

佛祖曾有一偈曰："钱财身外物，悭贪难受益，纵积千万亿，身死带不去。"

其实，我们每一个人所拥有的财物，无论是车子、房子还是票子，不管是有形的，还是无形的，没有一样是属于你的，那些东西不过是暂时寄托于你，有的让你暂时使用，有的让我暂时保管而已，到了最后，物归何主，都未可知，所以智者把这些东西统统视为身外之物，一味追求财富、名声、地位，不见得能够幸福快乐，相反很可能将自己推向充满痛苦的欲望深渊。所以聪明人擅于取舍，于我有益者，不懈追求，如麦粒；不利身心者，纵然好得天花乱坠，也不为所动，毅然拒绝。这才是智慧。否则，盲目追求只能让自己背上沉重的包袱，活得喘不过气来。而且金钱及物质财富何为多，何为少，很难有一个衡量的标准。清朝乾隆时期的宰相和珅曾拥有的财富折合白银八亿两以上，可他还是"人苦不知足，得陇复望蜀"，整天提心吊胆，最后落得财产被抄、本人自裁的下场。

世人为了追求金钱、财富疲于奔命，甚至铤而走险。其实钱财乃身外之物，生不带来，死不带去。这样拼命地追求又有什么意义呢？可是很少人能明白其中的道理。

要知道，即使我们拥有整个世界，我们也只需一日三餐，只睡一张床。

我们快乐是因为帮助别人得到快乐，努力做自己喜欢的工作，不嫉妒和怨恨别人，爱人类之所有，并且尊重他们，不求任何人施予恩惠，只求生活所需。知足，才能常乐，才能免除恐惧与焦虑。只有这样，才能把自己从贪婪的精神桎梏中解脱出来。

不贪恋身外之物，是一种难得的清醒，谁能做到这一点，谁就会活得轻松，过得自在。

7. 欲望越小，人生就越幸福

不能不明白的道理：

一个老铁匠和一个富翁比邻而居，富翁每天都在琢磨怎样让自己的钱越来越多，因此常常失眠，有一天晚上，他正在辗转反侧时，忽然听到隔壁传来老铁匠的歌声。他很奇怪,一个人那么穷怎么还会这么快乐呢?于是他叫人去问老铁匠快乐的秘诀,老铁匠说:"我只要每天有饭吃,有活干就很快乐了!我没钱,我也从不去烦恼这方面的问题。"

托尔斯泰说:"欲望越小,人生就越幸福。"一个人如果欲望太多,他就会变得越贪婪,一个永不知足的人是无法感受到幸福的。

古希腊有这样一个神话:一个使者把幽灵齐集在一起,对着他们作如下的演说:

过路的众魂,你们将开始一个新的旅程,进入一个肉体中。你们的命运,并不由神明来代为选择,而将由你们自己选择。我们将用抽签来决定选择的次序,第一个轮到了的便第一个选择,但一经选择,命运即为决定,不可更改的了……你们要知道美德并无什么一定的主宰,谁尊敬它,它便依附谁,谁轻蔑它,它便逃避谁。各人的选择由各人自己负责;神明是无辜的。

说完,使者在众魂前面掷下许多包裹,每包之中藏有一个命运,每个灵魂可在其中拾取他所希冀的一个。散在地下的,有人的条件,有兽的条件,杂然并存,摆在一起。在这些命运中,贫富贵贱,健康疾病,都混合在一起。轮到第一个有选择权的人时,他上前,看着那一堆可观的暴利,他贪心地、冒失地拿起带走了。随后,当他把那个包裹袋搜罗到底时,发现他的命运注定要杀死自己的孩子,并要犯其他的大罪。于是他连哭带怨,指责神明、指责一切,除了他自己之外,什么都被诅咒了。但他已选择了,他当初原可以看看他的包裹啊!

看看包裹的权力,我们都有的,一切都在包裹里。

人,饥而欲食,渴而欲饮,寒而欲衣,劳而欲息。幸福与人的基本生存需要是不可分离的。人们在现实中感受或意识到的幸福,通常表现

第六章
你不能不明白：名利并不是生活的全部

为自身需要的满足状态。人的生存和发展的需要得到了满足，便会产生内在的幸福感。幸福感是一种心满意足的状态，植根于人的需求对象的土壤里。

然而，生活中很多人都是希望自己拥有的再多一些，从来没有满足的时候。民间流传着一首《十不足诗》：

终日奔忙为了饥，
才得饱食又思衣，
冬穿绫罗夏穿纱，
堂前缺少美貌妻，
娶下三妻并四妾，
又怕无官受人欺，
四品三品嫌官小，
又想面南做皇帝，
一朝登了金銮殿，
却慕神仙下象棋，
洞宾与他把棋下，
又问哪有上天梯，
若非此人大限到，
上到九天还嫌低。

这首诗对那些贪心不足者的恶性发展写得淋漓尽致。物欲太盛造成的灵魂变态就是永不知足，没有家产想家产，有了家产想当官，当了小官想大官，当了大官想成仙……精神上永无宁静，永无快乐。

在陕西南部山区有一位还未脱贫的农民，他常年住的是漆黑的窑洞，顿顿吃的是玉米、土豆，家里最值钱的东西就是一个柜子。可他整天无忧无虑，早上唱着山歌去干活，太阳落山又唱着山歌走回家。别人都不明白,他整天乐什么呢?

他说:"我渴了有水渴,饿了有饭吃,夏天住在窑洞里不用电扇,冬天热乎乎的炕头胜过暖气,日子过得美极了!"

这位农民物质上并不富裕,但他却由衷地感到幸福,这是因为他没有太多的欲望,从不为自己欠缺的东西而苦恼的缘故。与这个农民相反的是一个卖服装的商人。这个商人有很多钱,但他却终日愁眉不展,睡不好觉。细心的妻子对丈夫的郁闷看在眼里急在心上,她不忍丈夫这样被烦恼折磨,就建议他去找心理医生看看,于是他前往医院去看心理医生。

医生见他双眼布满血丝,便问他:"怎么了,是不是受失眠所苦?"服装商人说:"是呀,真叫人痛苦不堪。"心理医生开导他说:"别急,这不是什么大毛病!你回去后如果睡不着就数数绵羊吧!"服装商人道谢后离去了。

一个星期之后,他又出现在心理医生的诊室里。他双眼又红又肿,精神更加颓丧了,心理医生复诊时非常吃惊地说:"你是照我的话去做的吗?"服装商人委屈地回答说:"当然是啊!还数到三万多头呢!"心理医生又问:"数了这么多,难道还没有一点睡意?"服装商人答:"本来是困极了,但一想到三万多头绵羊有多少毛呀,不剪岂不可惜?"心理医生于是说:"那剪完不就可以睡了?"服装商人叹了口气说:"但头疼的问题又来了,这三万头羊的羊毛所制成的毛衣,现在要去哪儿找买主呀?一想到这儿,我就睡不着了!"

这个服装商人就是生活中高压人群的真实写照,他们被种种欲望驱赶着跑来跑去,疲乏至极,每天睁开眼睛想到的是金钱,闭上眼睛又谋划着权力,日复一日,年复一年。这样的人怎么会享受到幸福呢?

有些欲望是自然而必要的,有些欲望是非自然而不必要的,前者包括面包和水,后者就是指权势欲和金钱欲等,我们不能要求自己抛弃名利，完全满足于清淡生活，但对那些不必要的欲望，至少应当有所节制。

一个人的欲望越多，他所受到的限制就越大，一个人的欲望越少，他就会越自由、越幸福。

8. 最重要的是自己

不能不明白的道理：

一猴子在树下发现了一只精致的小木盒，木盒被一根长长的铁链连在一棵大树上，它拿起小木盒转来转去，突然发现里面有一个苹果，它立刻把手从木盒上的一个圆洞伸了进去，它刚抓住苹果，一个带着笼子和刀的猎人就走了过来，猴子想赶快把苹果拿出来然后逃走，但却发现洞口太小了，根本拿不出来，猎人走近了，猴子急得乱叫，它实在不愿放弃这么美的苹果，所以还在拼命地抓着苹果，于是这只猴子就被猎人轻松地关进笼子里带走了。

金钱、权势是我们每个人都渴望拥有的，但它们却不是最重要的东西，对一个人来说，最大的财富其实就是他自己。

某地制造了一架特大的天平，并贴出广告，声明："搬上秤盘的东西都归你。"一位贪婪的商人得知后，带着他的仆人赶到那里，他对仆人说："今天我将成为世上最富有的人，世上的所有最珍贵的东西都将归我。"仆人问："老爷，要那么多东西有什么用？"商人不耐烦地说："少废话，你只管像我一样动手不动嘴，把世上最好的东西搬到秤盘上。"商人把珠宝等众多物品搬上秤盘后仍不满足，又把大金矿搬了上去，这时天平已经极度倾斜，这些盘内之物摇摇欲坠，商人此刻危在旦夕。仆人想喊又没敢喊，因为老爷只许他动手不许他动口，一急之下，他只好将天上的巨型陨石扔向那个高高翘起放砝码的托盘，天平趋近平衡。商人见状，火冒三丈地怒喊："难道你不知道什么是最好的东西？你这个笨蛋！"仆人反问，"世上最好的难道不是老爷您的生命吗？"

的确，世上最好的东西不是身外之物，而是自己的生命。因为一切为生命所造，没有生命，财富就好比垃圾；也就是说，你比金钱、比权势，还要重要，如果一个人不懂得这一点，那么他就是一个愚人。

不要怀疑这一点，生活中确实有人分不清什么是最重要的，下面举个例子来说明。

第一个人是一个出租车司机，他说如果我有了 100 万，我就会拥有幸福，他近乎疯狂的赚钱。一年 365 天，没有和妻女度过一个星期天，没有和朋友相聚过一个休息日。他甚至没有吃过一顿真正的饭，没有时间吃饭，饿了就随便吃点车上备有的饼干和巧克力。终于有一天，他真的赚够了 100 万。因为长期劳累，他的胃出了毛病，开刀动手术，一个胃切掉了 2/3 不说，还化验出恶性肿瘤，接着是一个疗程接一个疗程的化疗。这时候，他很想用 100 万换回健康，换回和家人的团聚，换回亲情和朋友，但这 100 万换不来他需要的一切。

这个人把自己的幸福拴在 100 万上头，他以为自己是为幸福而奋斗，殊不知他的幸福已经完全物化，他根本不知道 100 万能够带来幸福，也同样可以带来痛苦。为了这 100 万，他付出惨重的代价。

金钱和权势毕竟是人的身外之物，它们虽然很重要，但是，人的生命更重要，为了追求身外之物的名利，而影响、损坏，甚至送掉性命，就是舍本逐末。

第七章

你不能不明白:"独木桥"也许胜过"阳关道"

> 做人做事时,我们总是习惯于顺着已成定规的习惯走,说着人云亦云的话,重复着别人做过的事,结果往往很难取得成功,所以我们应该拥有一套独特的做事思路和具有自己特色的做人方法,然后你会发现,比起"阳关道"来,"独木桥"也许更好走。

1. 主动断掉自己的后路

不能不明白的道理：

一头狮子在追赶一头野羊，野羊拼命地跑着，由于慌不择路，竟然逃到了一条深沟边，深沟足有四米宽，后边是饥饿的狮子，前边是深沟，看来野羊是活不成了。这时野羊已冲到了沟边，它回头看了一眼张着血盆大口的狮子，然后使出全身力气一跃——腾云驾雾般跃上了对岸，狮子垂头丧气地走了。

有一句成语叫作"置之死地而后生"，也就是说，斩断自己的后路，让自己陷入绝境中，往往却可以创造出奇迹。人们做事时，总想着要给自己留条后路，进可攻，退可守。这是一种比较谨慎的做法，但这种做法常会导致一个人失去进取心，所以必要的时候，我们应该主动斩断自己的退路，破釜沉舟的人往往能够绝地逢生。

南京有一个年轻人大学毕业后开始求职，但由于他所学的专业实在太冷，半年过去了，仍未找到工作。他的老家在一个偏远山区，为了供他上大学，家里已经拿出了全部的钱，所以即使再没有钱，他也不好意思再跟家里伸手了。

2000年6月的一天，他终于弹尽粮绝了，在那个阳光和煦的午后，年轻人在大街上漫无目的地走着，路过一家大酒楼时，他停住了。他已经记不清有多久不曾吃过一顿有酒有菜的饱饭了。酒楼里那光亮整洁的餐桌，美味可口的佳肴，还有服务小姐温和礼貌的问候，令他无限向往。他的心中忽然升起一股不顾一切的勇气，于是便推开门走了进去，

第七章

你不能不明白："独木桥"也许胜过"阳关道"

选一张靠窗的桌子坐下，然后从容地点菜。他简单地要了一份红烧茄子和一份扬州炒饭，想了想，又要了一瓶啤酒。吃过饭后，又将剩下的酒一饮而尽，他借酒壮胆，努力做出镇定的样子对服务员说："麻烦你请经理出来一下，我有事找他谈。"

经理很快出来了，是个四十多岁的中年人。年轻人开口便问："你们要雇人吗？我来打工行不行？"经理听后显然愣了："怎么想到这里来找工呢？"他恳切地回答："我刚才吃得很饱，我希望每天都能吃饱。我已经没有一分钱了，如果你不雇我，我就没办法还你的饭钱了。如果你可以让我来这里打工，那就有机会从我的工资中扣除今天的饭钱了。"

酒楼经理忍不住笑了，向服务员要来他的点菜单看了看说："你并不贪心，看来真的只是为了吃饱饭。这样吧，你先写个简历给我，看看可以给你安排个什么工作。"

此后这个年轻人开始了在这家酒店的打工生涯，历尽磨难，他从办公室文秘做到西餐部经理又做到酒店副总经理。再后来，他集资开起了自己的酒店。

俗话说："置之死地而后生。"遇到非常时期，人是要有点非常思维和非常勇气的。在最后的关头，唯有抱着破釜沉舟的决心，才能绝地逢生。故事中的年轻人敢到酒楼里吃"霸王餐"，并以一种奇特的方式向经理推荐自己，这都是因为他知道自己身无分文，已经没有退路了，因此才有了这种不顾一切的勇气，可以说他的成功其实是有一点偶然性的，我们可能永远都碰不上这样的情况，所以有时要拿出勇气斩断后路，让自己更快走向成功。

李先生从20世纪80年代中期起创办了一个内衣厂，正赶上发展的好时候，那几年结结实实赚了不少钱。等到世纪末时，他的内衣厂规模已经非常大了，但利润却逐年下降，几乎到了入不敷出的地步，原因是内衣市场的竞争越来越厉害，而内衣厂生产的内衣已经跟不上时代潮流了。经过几天的反复琢磨，李先生决定破釜沉舟，大干一场。他不顾妻儿的反对，取出了所有的存款，然后召开了全场职工大会，会上他果断地宣布停止现有样式内衣的生产，请设计人员重新设计新型内衣，全厂职工都可以提出自己的想法，设计被选用的人，可获重奖，他沉重地说："这是我们最后的机会了，我拿出自己的全部存款搞设计，如果失败了，那么我就是一个一无所有的穷光蛋，而你们也将失业。但如果成功了，我就会按功行赏，你们的生活也就有了保障。成败得失在此一举，大家一起努力吧！"这件事使全厂上下都振奋起来，采购人员买来了市面上能找到的所有款式的内衣，设计人员不分昼夜搞设计，广大职工纷纷提出自己的看法，从样式、布料，再到裁剪，给设计人员提供了不少灵感，有时一天竟拿出20多套设计方案，一些职工还自动自发地跑上街头搞调研，看现在的女孩子究竟喜欢什么样的款式。而厂里的业务员更是拼尽全力拉客户。33天后，一批新款式内衣设计完成了，一些客户已经开始订了货，厂里的工人又开始加班加点的生产内衣……结果这些内衣一上市就受到了顾客好评：款式美观，质量好，价格适中。订货的客商像潮水一样涌来，李先生的内衣厂又复活了。

我们不得不佩服李先生的勇气和胆识，工厂陷入困境时，他本可以关闭工厂，遣散工人，这样做他还可以保住自己的存款，虽然失去了工厂，但一辈子还是可以衣食无忧。但他却不顾家人的反对，彻底断了自己的后路，跟员工一道为工厂的未来而努力奋斗，最终取得了辉煌的胜利。**其实把自己推向绝路并不代表你必死无疑，不给自己留下退路，就没有了多余的顾虑，必将勇敢前行，而人在面临危险、绝望之际，往往会爆发出一股无穷大的威力，因此会取得出人意料的成功。**

爱惜生命、物品和金钱是人类的天性，但如果遇到危险或困难时，还受这种想法的局限，那你可能就会惨遭失败。"置之死地而后生，投之亡地而后存"，有时只有破釜沉舟，才能有柳暗花明的结果。

第七章
你不能不明白:"独木桥"也许胜过"阳关道"

2. 换个思路就是成功

不能不明白的道理:

> 我们的忠言是:每个人都应该坚持走他为自己开辟的道路,不被权势所吓倒,不受现时的观点所牵制,也不被时尚所迷惑。
>
> ——[德国]歌德

可能很多人都看过这样一则笑话:美国宇航局曾经为圆珠笔在太空不能顺畅使用而苦恼,提供巨资请专家研制新式品种。两年过去了,该科研项目进展缓慢。于是,宇航局向社会悬赏,征求此种"便利笔"。不料,很快来了一个小伙子,他向惊讶的官员们出示自己的"研究成果"——是一支铅笔!其实这个笑话告诉了我们一个道理:如果换个思路、换个角度看问题,你可能就会从失败迈向成功。

有一家生产牙膏的公司,产品优良,包装精美,深受广大消费者的喜爱,每年营业额蒸蒸日上。

记录显示,前十年每年的营业增长率为 15%~20%,不过,随后的几年里,业绩却停滞下来,每个月维持同样的数字。

公司总裁便召开全国经理级高层会议,以商讨对策。

会议中,有名年轻经理站起来,对总裁说:"我手中有张纸,纸里有个建议,若您要使用我的建议,必须另付我 10 万元!"

总裁听了很生气说:"我每个月都支付你薪水,另有分红、奖励。现在叫你来开会讨论,你还要另外要求 10 万元。是不是过分了?"

"总裁先生,请别误会。若我的建议行不通,您可以将它丢弃,一分钱也不必付。"年轻的经理解释说。

"好！"总裁接过那张纸后，看完，马上签了一张10万元支票给那年轻经理。

那张纸上只写了一句话：将现有的牙膏管口的直径扩大1毫米。

总裁马上下令更换新的包装。

试想，每天早上，每个消费者挤出比原来粗1毫米的牙膏，每天牙膏的消费量将多出多少呢？

这个决定，使该公司随后一年的营业额增加了25%。

当总裁要求增加产品销量时，绝大多数高级主管一定是在考虑怎样才能扩大市场份额，怎样才能把产品推广到更多地区，一些可能连怎样在广告方面做文章都想到了，但这些都是老生常谈，只有那位年轻的经理换了个思路：增加老顾客的消费量，不是同样能达到增加销售的目的吗？而且这个方法更简单、更有效。灵活的思考对一个人的成功是非常必要的。能够从另一个角度看问题，见人所不见，善于突破常规，这就是创造。

19世纪50年代，美国西部刮起了一股淘金热。李维·施特劳斯随着淘金者来到旧金山，开办了一家专门针对淘金工人销售日用百货的小商店。一天，他看见很多淘金者用帆布搭帐篷和马车篷，就乘船购置了一大批帆布运回淘金工地出售。不想过去了很长时间，帆布却很少有人问津。李维·施特劳斯十分苦恼，但他并不甘心就这样轻易失败，便一边继续推销帆布，一边积极思考对策。有一天，一位淘金工人告诉他，他们现在已不再需要帆布搭帐篷，却需要大量的裤子，因为矿工们穿的都是棉布裤子，很不耐磨。李维·施特劳斯顿觉眼前一亮：帆布做帐篷卖销路不好，做成既结实又耐磨的裤子卖，说不定会大受欢迎！他领着那个淘金工人来到裁缝店，用帆布为他做了一条样式很别致的工装裤。这位工人穿上帆布工装裤十分高兴，逢人就讲这条"李维氏裤子"。消

第七章
你不能不明白："独木桥"也许胜过"阳关道"

息传开后，人们纷纷前来询问，李维·施特劳斯当机立断，把剩余的帆布全部做成工装裤，结果很快就被抢购一空。由此，牛仔裤诞生了，并很快风靡，给李维·施特劳斯带来了巨大的财富。

在这个世界上，从来没有绝对的失败，有时候只要调整一下思路，转换一个视角，失败就会变成成功。很多人相信，如果失败了，就应该赶快换一个阵地再去奋斗，如果按照这种观点，李维·施特劳斯就应该把帆布锁进仓库里，或廉价甩卖出去，但幸好李维·施特劳斯没有这么做。他没有放弃帆布，并且积极寻找解决问题的办法，终于从淘金工人的话里获得了启示：将帆布改成帆布裤，因此获得了成功。失败与成功相隔的并不远，有时也许只有半步距离。所以如果遭遇到了失败，千万不要轻易认输，更不要急于走开，只要保持冷静，勇于打破思维的定势，积极寻找对策，成功一定很快就会到来。

一个聪明的人，不会总在一个层次做固定思考。他们知道很多事情都是多面体，如果你在一个方向碰了壁，那也不要紧，换个角度你就会走向成功。

3. 没有所谓的不可能

不能不明白的道理：

一个人梦见上帝对他说："你做了很多好事，所以我要让你发一笔横财，走路时多注意点！"这个人高兴极了，第二天天还没亮，他就出门去拣钱了！他从村东头走到西头，眼睛在地上看啊看，希望能发现一捆用皮包或纸箱装着的美元，但他失望了，从早走到晚他没有捡到一分钱。他又累又饿地回到家，对着十字架大叫："你为什么骗我？"上帝无奈地摇摇头:"地上有张彩票你没见到吗?我把它七次放在你脚下,你都视而不见!"

人们往往会受到思维定势的限制,一旦碰到用现有方法解决不了的事情,就认为这件事不可能成功了,只要你能突破这种惯性思维,你就会知道世界上根本没有所谓的不可能。

曾有人做过这样一个实验:他们把五只猴子关在一个笼子里,并在笼子上边挂上了一个鲜桃。笼子四周安装了粗铁丝网,所以这些猴子如果想要吃到桃子是一件很容易的事情,它们只要攀上铁丝网就可以拿到它了。

实验人员装了一个自动装置,要是侦测到有猴子要爬到铁丝网拿桃子时,这五只猴子马上会被笼子上的大水龙头喷倒。第一次,当有只猴子想爬上台阶去拿桃子时,水马上喷了出来,每只猴子都被喷倒在地,被水淋湿了。每只猴子都尝试去拿,但结果都是如此,那就是想拿桃子时,就会被水喷倒。所以到最后,猴子们达成了一个共识——不要去拿桃子,因为有水会喷出来。

后来实验人员换掉了其中的一只猴子,这只新猴子我们叫它A猴子。当A猴子看到桃子时,马上想要去拿,结果被其他四只猴子打了一顿。因为其他四只猴子认为刚进来的猴子会害它们被水喷倒,所以立刻打A猴子,阻止A猴子去拿桃子。A猴子尝试了几次都被打得满头包还是没拿到桃子,当然猴子们也就没有被水喷倒。

接着,实验人员又把一只旧猴子换掉,换了一只新猴子,我们叫它B猴子。同样的,B猴子看到桃子,也是马上要拿。结果也是被其他四只猴子痛打了一顿,尤其那只进来不久的A猴子打得特别起劲。就这样B猴子试了几次总是被打得很惨,最后只好作罢。

后来慢慢的,猴子一只一只地换,原先的旧猴子都换成新猴子了。

第七章

你不能不明白："独木桥"也许胜过"阳关道"

大家都不敢再去拿桃子，但它们都不知道为什么，只知道去拿桃子会被别的猴子打。人类也是这样，我们被关在思维定势的笼子里，很多事不敢去尝试，就认为它是不可能完成的任务，因为跳不出思维的笼子，所以永远也得不到我们生命中的"桃子"。其实很多看似不可能的事情，只要打开思路，你就可以获得成功。

有一家效益相当好的大公司，决定进一步扩大经营规模，高薪招聘营销主管。广告一打出来，报名者云集。面对众多应聘者，招聘工作的负责人说："相马不如赛马。为了能选拔出高素质的营销人员，我们出一道实践性的试题：就是想办法把木梳卖给和尚。"绝大多数应聘者感到困惑不解，甚至愤怒：出家人剃度为僧，要木梳有何用？这岂不是故意刁难人吗？过一会儿，应聘者接连拂袖而去，几乎散尽。最后只剩下三个应聘者：张山、王平和李武。负责人对剩下的三个应聘者交代："以10日为限，届时请各位将销售成果向我汇报。"

10日期到。负责人问张山："卖出多少？"答："一把。""怎么卖的？"

张山讲述了历尽的辛苦，以及受到和尚的责骂和追打的委屈。好在下山途中遇到一个小和尚，一边晒着太阳一边使劲挠着又脏又厚的头皮。张山灵机一动，赶忙递上了木梳，小和尚用后满心欢喜，于是买下一把。

负责人又问王平："卖出多少？"答："10把。""怎么卖的？"王平说他去了一座名山古寺。由于山高风大，进香者的头发都被吹乱了。王平找到了寺院的住持说："蓬头垢面是对佛的不敬。应在每座庙的香案前放把木梳，供善男善女梳理鬓发。"住持采纳了王平的建议。那山共有10座庙，于是买下10把木梳。

负责人又问李武："卖出多少？"答："1000把。"负责人惊问："怎么卖的？"李武说，他到一个颇具盛名、香火极旺的深山宝刹，朝圣者如云，施主络绎不绝。李武对住持说："凡来进香朝拜者，多有一颗虔诚的心，宝刹应有所回赠，以作纪念，保佑其平安吉祥，鼓励其多做善事。我有一批木梳，你的书法超群，可先刻上'积善梳'三个字，然后便可做赠品。"住持大喜，立即买下1000把木梳，并请李武小住几天，共同出席了首次赠送'积善梳'的仪式。得到'积善梳'的施主和香客，很是高兴，一传十，十传百，朝圣者更多，香火也更旺。

把木梳卖给和尚，大多数人听了都会觉得这件事太荒谬了。因为我们每个人都知道，和尚是用不着木梳的。注意！这就是我们的惯性思维，我们遇到问题时，总习惯根据自己已有的知识，按照一种固定的思路去考虑问题，结果我们就只注意到了"和尚用不着木梳"这个常识，而忽略了木梳除了实用价值，还可以拥有其他的附加价值。而李武却想到了，他把木梳作为一种礼品卖了出去。不是这个办法太高深莫测，一般人想不到，而是因为，在现实生活中，人们已经根深蒂固地形成了一种观念：木梳是梳理头发的工具，除此之外别无他途。

观念给我们在思考问题时带来倾向性，解决一般问题的时候可以起到"驾轻就熟"的积极作用。但是很多时候它是一种障碍、一种束缚。所以，如果我们想让自己更成功，就要摆脱固定的思维模式，不断提出解决问题的新观念，你会发现一切皆有可能。

4. 不用跟人抢着出"风头"

不能不明白的道理：

败局是对手为你设想的，你所想的，应该是如何才能做到最好。

——［法国］戴高乐

第七章
你不能不明白："独木桥"也许胜过"阳关道"

当别人大出风头的时候，你不必眼红，更不必急于跟对方一争高下，你必须坚定自己的立场，继续做好自己该做的事，毕竟笑到最后的人才是笑得最美的。

一个农夫在自己的菜园里栽了两棵果树。一棵果树拼命地吸收养分和水，然后把它们送上枝头，于是农夫惊讶地发现，这棵小树在第一年就长到了两米高，并且开出了灿烂的花朵，仿佛就要结果的样子。另一棵小树也在拼命地吸收养分，不过它把这些养分通通送到枝干贮存了起来，看起来一年的时间只使它变得粗壮了一些，一点都没有长高。邻居们都对农夫说："把那棵矮的砍掉吧！它实在太丑了，既不开花，也没长高，还妨碍开花的果树吸收养分！"但农夫犹豫了："再等等吧！"第二年到来了，那棵开花的树好像失去了活力：细弱的枝干只在枝头挂着几片稀疏的树叶，一副无精打采的样子。但那棵矮壮的小树却发生了惊人的变化，它仿佛在突然之间被拉高了一尺多，而且枝繁叶茂，生机勃勃。夏末时，它已经结出了一串串的诱人果实，而那棵开花的树已经因为枝叶枯黄而被农夫砍掉了。

做事时，每个人都希望自己处于领先位置，战胜别人而大出风头，于是一旦感受到来自对手的敌意或威胁，人们就会不顾一切地反击，但这样反而有很多弊端，顶风直上未必就能赶上对手，而且会打乱你的脚步。所以你能做的，就是避其锐气、后谋后动，你的目标不是竞争中的风头，而是最后的胜利。

20世纪20年代，正值美国汽车工业全面起飞时期，各大汽车公司纷纷推出色彩鲜艳的新型汽车，以满足消费者的不同需求，因而销路大增。但是，福特汽车却始终"穿"着"黑衫"，显得严肃而又呆板，销量一降再降。

然而，就是在这样的情况下，无论各地要求福特供应花色汽车的代理商，还是对公司内的建议者，福特总是坚决顶回去："福特车只有黑色的！我看不出黑色有什么不好！"

生产逐步艰难，福特开始裁减人员，部分设备停工，公司内部人心浮动，连福特夫人也大感不解，弄不清无动于衷的福特到底在搞什么名堂。

福特却胸有成竹："我们公司员工的待遇高于其他任何企业，他们不会有异心，同时，他们知道我是绝对不会服输的，相信我不跟在别人后面生产浅色车，一定另有计划。"

有人建议福特马上把新车拿到市面上去销售，福特诡谲地一笑："让他们先去出风头吧。我倒要看看谁笑到最后！"

又有人打听："福特公司是不是在设计新车？新车一定有各种各样的颜色吧？"

此时的福特显得踌躇满志："不是正在设计，事实上早就定型了！也不是跟别人一样，而是我们自己设计的，并且新车的价钱肯定比别人便宜！"这是福特一生的"杰作"之———购买废船拆卸后炼钢，从而大大降低了钢铁的成本，为即将推出的 A 型车奠定了胜利的基础。

1927 年 5 月，福特突然宣布生产旧型车的工厂停产。

消息一出，举世震惊，猜测迭起。除了几个主管负责人以外，谁也不知道福特打的是什么算盘。令人感到奇怪的是，工厂虽停工了，可工人还是照常上班。这一情况引起了新闻界的极大好奇，而报纸上铺天盖地关于福特汽车的猜测、报道、评论，又使公众本来就有的好奇更加升华。

两个月后，福特终于宣布：新的 A 型汽车将于 12 月上市！这一消息比两个月前工厂停产的消息引起的震动更大。

年底，色彩华丽、典雅轻便且价格低廉的福特 A 型汽车终于在人们的翘首等待中源源上市。果然，A 型汽车一上市就引起消费者的极大兴趣。它形成了福特公司第二次腾飞的辉煌局面。A 型汽车的开发，早

第七章

你不能不明白:"独木桥"也许胜过"阳关道"

已确定了它在美国汽车行业的地位。而对其他各汽车公司以色彩、外形为武器咄咄逼人的攻势,福特没有直接应战,而是养精蓄锐,扬长避短,抓住了质量和价格这两个环节充分准备,一旦时机成熟,福特便毫不手软,立即使对手由强变弱,而自己则泰然自若地登上了霸主的宝座。

人们总是认为,在竞争中必须抓紧时间,有力地还击对手,问题是当你急于还击时是否做好了必要的准备,可以想象一下,如果福特在别的公司推出浅色汽车,立刻跟进,那他不但拿不回市场份额,还可能因此使福特汽车的声誉受损。因为其他公司推出的都是各具特色的新型汽车,福特公司在仓猝之间是无法拿出"披着彩色外衣"的新车的,即使做到了,汽车在质量方面可能也不会那么尽如人意。

所以福特选择了养精蓄锐、隐而不发的策略,他顶住了来自众多方面的压力,研制出具有竞争力的新车,然后再全力出击,终于获得了最后的胜利。

受到竞争的刺激时,一般的人都会马上奋起反击,这是大多数人的做法,却不是成功者的最好选择。不被别人左右,谋定而后动,这就是成功者的秘诀。

5. 何必跟人挤"阳关道"

不能不明白的道理:

☞

鱼妈妈带着一群小鱼从一条河游向一个湖泊,因为在冬天,那里有很多食物。游过一个岔路口时鱼妈妈告诫小鱼:"千万别游错了,左边这条水路是通向湖泊的,右边那条是去一个小池塘的,那里只有很少的东西可以吃。"等它们到了湖里一看，里面密密麻麻的都是来自各条河的鱼，大家常为了一条鱼虫、一片水草大打出手，小鱼们失望极了。第二年鱼妈妈再带它们去大湖时，两条小鱼却脱离了队伍，它们从右边的水路游向了池塘。天啊！它们看到了什么？几条懒懒的小鱼，和满满一池塘的美食！

每一条"阳关道"上都挤满了盲目的人群，因此，这些"阳关道"有时并不好走，甚至还有摔倒或被挤出队伍的危险。"独木桥"虽然狭窄，但由于是一个人走，所以难度大大降低，"独木桥"也就成了"阳关道"。

有一次，公司请一位商界奇才做报告，大家非常希望能听他谈谈成功之道，以对自己的发展有所帮助。

但他只是说："还是出一道题考考你们吧。"

"某地发现了一处金矿，于是人们一窝蜂地拥去开采。然而，一条大河挡住了必经之道，如果是你，你会怎么办？"

"绕道走，就是费点时间。"有人说。

"干脆游过去。"

但是他却含笑不语，等人们议论声过后，他开口了："为什么非得去淘金？为什么不可以买一条船开展营运？"

全场愕然。

他却说："那样的情况下，你就是宰得渡客只剩下一条短裤，他们也会心甘情愿呀！因为前面有金矿啊！"

淘金确实是条"阳关道"，淘到了金子你就可以发大财，这样的好事谁不愿意去做。但淘金的人太多了，这条路就可能变成"独木桥"，为了金子动手、动口，这都不是什么稀罕事，所以你何不试试走"独木

第七章
你不能不明白："独木桥"也许胜过"阳关道"

桥"呢？渡船是小本买卖，本来不会有多少利润，但因为只有你在做，所以你就占据了优势，你尽可以漫天开价，还怕那些想渡河的人不付钱吗？

生活中，我们总是盯着"阳关道"，跟别人互相推着、挤着，结果很多时候弄得头破血流，却还是一无所获，但如果你能试着重新选择一条人生之路，也许会走得更顺畅。

1998年，张野第三次高考落榜，这一次，他拒绝了父母让他再复读的建议，决定去做点别的。张野的父母都是知识分子，他的哥哥姐姐也都考上了大学，父母觉得一个人如果上不了大学，那他就永远也不能出人头地，因此张野的想法在家里引起了轩然大波。张野没有理会家人的反对，开始了自己的创业历程，他相信成功的路不止一条，自己没必要非往高考的窄门挤。张野试过很多工作：卖服装，开报刊亭，办搬家公司……但都没有成功。2001年夏天，他在某报纸上看到了一则诚招加盟某高级干洗连锁店的广告，经过分析，他认为前景不错，便果断地投入了资金办起一间连锁店。三年过去了，张野的生意越做越大，手下已经拥有7间分店，并被当地评为十大杰出青年，他的父亲感叹地说："真没想到，这小子走'独木桥'竟然走出了名堂！"

张野在第三次落榜后，就决定放弃自己的大学梦，另闯一条适合自己的路，这绝不是意气用事，而是在人生路口上从另一种思路出发做出的新选择。但是，值得说明的是，这种选择并不是以消极的或者被动的方式进行的：像有的人那样，一旦在自己的人生路上遇到点挫折和坎坷，不是沉沦消极、怨天尤人，就是不思进取、自暴自弃。而是以一种"山重水复疑无路，柳暗花明又一村"的乐观，通脱放达的人生态度，独辟蹊径，走向人生的另一境界。

当然，做到这一点，一是要有相当坚强的意志和良好的心理素质，二是要有相当程度的自信心，三是要有在人生关键时刻敢于重新选择自己命运的勇气和魄力。三者缺一不可。因为，如果没有坚强的意志和良好的心理素质，就不能正确对待经过多次努力后的失败，就不能承受这种比摧毁人的肉体更具杀伤力的对人的心理和精神的摧毁；没有对自己相当高程度的自信心，就不能在挫折和坎坷中重新站起来，并且一直走下去，更不会有在人生的关键时刻放弃大家都走的路，而重新选择属于自己的出路的勇气和魄力。

当然，做到这一点在不同的条件下具有不同的意义。比如，当社会为个人的重新选择提供了某些新选择的愿望和意向与原来的选择相当或者相同时，人的重新选择就容易得多。就是我们经常说的时势造英雄。时势一般指时代形势处于变化多端、社会环境处于大动荡大变革时期的社会环境，这种环境实际上等于给一切具有英雄气质的人提供了一个施展才华并且成为英雄的机遇，也就是说，这是一个需要英雄而且必将产生英雄的时代。如，曹操的脱颖而出在相当程度上就是时代需要和他个人的努力相一致的结果。但是，如果社会并没有为英雄的产生提供条件，或者社会正处于相对平稳的发展时期，这时，人们的思想意识也自然会处于相对平稳状态，这时英雄的产生就比较困难。特别是，当一个人的选择与时代的要求和同时代人的选择相左时，这种选择不但不会为时代所容纳和承认，同时也会遇到来自各方面的阻力。

张野无疑属于后者，这也从反面证实了在正确的方法下勇于放弃和选择的做人思路。在张野的父母看来，考上大学是一个人在社会立足的唯一办法，但张野却没有按照家庭给他规划好的路线走下去，而是义无反顾地对他的人生进行了重新选择——放弃可能让他一步登天的高考，选择了一条艰难的创业之路。

实践证明，张野的选择不但显示出他过人的胆识和魄力，而且也说明，人的价值的实现途径是多样的，关键是你能否正确地对待自己，客观地估价自己。一个人只有正确而客观地对待和估价自己，他才能够面

第七章
你不能不明白："独木桥"也许胜过"阳关道"

对现实对自己的人生之路做出正确的选择。

当然，当人对自己的人生之路进行重新选择时，还应该具有超前意识，也就是说，这种选择应该是以对社会的发展趋势的正确判断和准确把握为前提，而不应是盲目的，这样，你才能保证重新选择的正确性。不随大流而走自己选择的冷僻路，是一条充满荆棘与鲜花的刺激之旅。要么跌得很惨，要么掌声雷动。但肯定的是在这个过程中是要付出很多的。但只要你有胆识，能坚持，你就可以获得无比辉煌的成功。

6．用"鸡肋"做大餐

不能不明白的道理：

兔子和熊都决定种玉米，但是兔子的那块地又湿又洼，熊嘲笑它说："这块地根本长不出玉米的，扔了吧！"兔子很生气，不过它另有办法。秋天到了，熊去看兔子，发现那块地种上了水稻，还获得了大丰收。

鸡肋食之无味，弃之可惜，但如果你有一种与众不同的思路，就可以用"鸡肋"做出"大餐"来。

一位父亲问儿子："一磅铜可以卖多少钱？"儿子回答说："四美元！"父亲摇了摇头："对于我们来说，一磅铜不应该只值四美元。把它做成门把手，我们可以获得40美元，做成钥匙可以卖到400美元！我的孩子，你要记住，只要你有眼光，那么废物也可以变成宝物！"这个孩子牢牢记住了父亲的话。

若干年后，这个孩子成为了曼哈顿的一名商人，而且是一名非常出色的商人。有一年广场的自由女神像被拆除了，铜块、木头堆满了整个广场，谁来处理这些垃圾呢？市政厅非常头痛，这个商人听说这件事后，主动请求处理这些东西。当地商人都在暗地里笑他：这么一堆垃圾有什么用呢？何况美国要求垃圾必须分类处理，一不小心就有可能触犯市规，这个傻瓜简直是自讨苦吃！

但几周后，这群商人从幸灾乐祸变成了妒恨交加，那么这个商人究竟做了什么呢？他把铜块收集起来铸成了一个个微型自由女神像，再用木块镶了底座，把它们当成纪念品出售，一个星期就被抢购一空。就连广场上的尘土都没有浪费，商人把它们装进一个个小袋子里，当作花盆土卖进花市，总而言之，这堆一文钱没花就得来的垃圾让商人大赚了一笔。傍晚商人给在外地疗养的父亲打了个电话："爸爸，还记得您以前告诉我每磅铜可以卖到400美元吗？""是的，我的孩子，怎么了？""爸爸，我把每磅铜卖到了4000美元！"

沾满尘土的碎铜和木头，在大多数人看来就是垃圾，或许那些铜可以卖废品，但那些尘土和木头收拾起来很费劲，看来这实在是一笔赔本生意。当众多商人都认为这是一堆废物和负担时，这个商人却用自己非同寻常的眼光发现了其中的商机，这位商人的非凡之处，不在于他物尽其用的功力，而在于发现机会和可能性的眼光。这种眼光不是随便就能拥有的，它必然要以一种与众不同的思路做指导，而更深层次的来源则应是一种独特的做人智慧。

美国得克萨斯州的宾客桑斯货运公司为了扩大知名度，曾经在广告宣传上煞费苦心，但是效果不佳。无奈之下，他们找到了新闻界的一位朋友，请他出谋划策。这位新闻人士说，广告内容的设计最好能与美国人的日常生活相关。于是，他们想到了结婚，这是普通人最感兴趣的事情之一。后来，公司与当地著名报纸协商，在一篇关于本地夫妇旅游结

第七章
你不能不明白:"独木桥"也许胜过"阳关道"

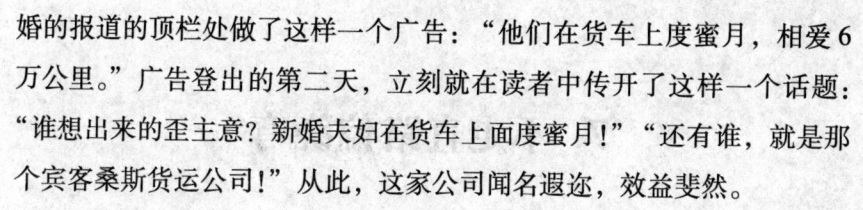

婚的报道的顶栏处做了这样一个广告:"他们在货车上度蜜月,相爱6万公里。"广告登出的第二天,立刻就在读者中传开了这样一个话题:"谁想出来的歪主意?新婚夫妇在货车上面度蜜月!""还有谁,就是那个宾客桑斯货运公司!"从此,这家公司闻名遐迩,效益斐然。

在美国举行的第54届总统选举中,候选人布什与戈尔得票数十分接近,但由于佛罗里达州计票程序引起双方的争议,因此导致新总统迟迟不能产生。原计划发行新千年总统纪念币的美国诺博·斐特勒公司面对总统难产的危机,灵机一动,化危机为商机,利用早已经准备好了的布什与戈尔的雕版像抢先发行4000枚银币。银币为纯银铸造,直径三寸半,不分正反面,一面是小布什的肖像,一面是戈尔的肖像,每枚订购价79美元。结果,短短几日,纪念银币就被订购一空,该公司利用总统难产,大赚了一笔。

看来有头脑的人都会从人们视为废物的东西和危险领域的地方发现机会创造价值。从理论上来说,化腐朽为神奇从来都是费力费神却成功率不高的事。然而在实际生活中,环境却为这些有勇气、有眼光"把鸡肋做成大餐"的人提供了丰厚的回报。也许人们会认为,他们得到回报完全是由于一种不经意的灵机一动,是一种偶然的幸运。可是,这种不经意的灵机一动中究竟蕴藏了怎样的聪明和智慧呢?盲目随大流、长时间形成的思维习惯和心理定势束缚着人们的大脑。因此,**能够换一种思路,不随大流去做人做事,无论如何都是难能可贵的。我们倡导换一种思路,就是要解除尽可能多的人的束缚,以期有更多的"灵机一动"**。

7. 不走直路偏绕弯

不能不明白的道理：

　　一个乘客着急赶飞机，他跳上出租车朝司机大喊："快，飞机场！"司机平静地回头看看他："先生，您是要走最近的路还是最快的路？"乘客被弄糊涂了："最近的路不就是最快的路吗？"司机摇了摇头："不，最近的是直路，但常常会堵车，绕弯的路虽然远点，却可以最快到达飞机场！"

　　世间的路分为直路和弯路两种，毫无疑问，人们都愿意走直路，因为直路平坦，离目标又近；相反没有人愿意去走弯路，因为弯路曲折艰险。但很多时候直路未必好走，绕道而行、迂回前进却可以让你更快速地到达目的地。

　　有一位留学法国的计算机博士，毕业后在法国找工作，结果接连碰壁，许多家公司都将这位博士拒之门外。这样高的学历，这样吃香的专业，为什么找不到一份工作呢？万般无奈之下，这位博士决定换一种方法试试。

　　他收起了所有的学位证明，以一种最低的身份去求职。不久他就被一家电脑公司录用，做一名最基层的程序录入员。这是一份稍有学历的人就不愿去干的工作，而这位博士却干得兢兢业业、一丝不苟。没过多久，他的上司就发现了他的出众才华：他居然能看出程序中的错误，这绝非一般录入人员所能比的。这时他亮出了自己的学士证明，老板于是给他调换了一个与本科毕业生对口的工作。过了一段时

第七章

你不能不明白："独木桥"也许胜过"阳关道"

间，老板又发现他在新的岗位上游刃有余，还能提出不少有价值的建议，这比一般大学生高明，这时他才亮出自己的硕士身份，老板又提升了他。

有了前两次的经验，老板也比较注意观察他，发现他还是比硕士有水平，对专业知识的广度与深度都非常人可及，就再次找他谈话。这时他才拿出博士学位证明，并叙述了自己这样做的原因。此时老板才恍然大悟，并毫不犹豫地重用了他，因为老板对他的学识、能力和敬业精神早已了解了。

人生如攀登，为了登上山顶，需要避开悬崖，避开峭壁，迂回前进，这样看似乎与原来的目标背道而行，可实际上仍然是通向山顶，而且还节省了许多的时间。

绕路而行对解决一些堵塞通常很有效。比如当你用一种方法思考一个问题和从事一件事情，如果遇到思路被堵塞之时，不妨另用他法，换个角度去思索，换种方法去重做，也许你就会茅塞顿开，豁然开朗，有种"山重水复疑无路，柳暗花明又一村"的感觉。

在一次大学生篮球锦标赛上，老对手A队和B队相遇。当比赛只剩下5秒钟时，A队以2分优势领先，一般说来已稳操胜券，但是，那次锦标赛采用的是循环制，A队必须赢球超过5分才能取胜。可要用仅剩下的5秒钟再赢3分绝非易事。

这时，A队的教练突然请求暂停。当时许多人认为A队大势已去，被淘汰是不可避免的，该队教练即使有回天之力，也很难力挽狂澜。然而等到暂停结束比赛继续进行时，球场上出现了一件令众人意想不到的事情：只见A队拿球的队员突然运球向自家篮下跑去，并迅速起跳投篮，球应声入网。这时，全场观众目瞪口呆，而全场比赛结束的时间到了。但是，当裁判员宣布双方打成平局需要加时赛时，大家才恍然大悟。A队这一出人意料之举，为自己创造了一次起死回生的机会。加时赛的结果是 A 队赢了 6 分,如愿以偿地出线了。

如果 A 队坚持以常规打完全场比赛,是绝对无法获得真正的胜利的,而往自家篮下投球这一招,颇有迂回前进之妙。在一般情况下,按常规办事并不错,但是,当常规已经不适应变化了的新情况时,就应解放思想,打破常规,善于创新,另辟蹊径。只有这样,才可能化腐朽为神奇,在似乎绝望的困境中寻找到希望,创造出新的生机,取得出人意料的胜利。

当我们在生活中遇到走到路的尽头,无路可走的情况时,回过头来,绕道而行便可以找到一条新路了,所以世上只有死路,没有绝路,而我们之所以会往往感到面对"绝路",那是因为我们自己把路给走绝了,或者说我们的思路狭隘,缺乏了"绕道"的意识。

懂得绕道而行的人,往往是最先到达目的地的人。因为他们善于想人所未想,做人所未做,在人们的眼力之外,另外看到一条路。这种高度智慧的做法,并不是随大流做人做事的人所能做到的。

8. 思路独特让你受益无穷

不能不明白的道理:

雨季到来了,河里到处都是活蹦乱跳的鱼,狗熊家族也都聚在河边大饱口福。"要是冬天也有这么好吃的鱼就好了,"一只年轻的狗熊想,"可惜好日子总是不长久!"突然它想到了一个办法,就是把鲜鱼做成鱼干,那样就可以保存起来了,从此以后它每天都在忙着做鱼干,其他的熊都觉得它的做法很奇怪,几只年老的熊试图阻止它的工作,但没有成功。冬天马上要到了,其他狗熊总想赶在冬天前将肚子填饱,可是食

第七章
你不能不明白："独木桥"也许胜过"阳关道"

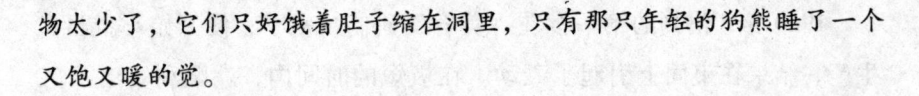

物太少了，它们只好饿着肚子缩在洞里，只有那只年轻的狗熊睡了一个又饱又暖的觉。

一个渴望成功的人，应当具有一种见别人之未见、行别人之未行的精神，成功离不开别具一格的创意，离不开独辟蹊径的能力，思路独特，你才能早日成功，如果只懂得随大流做事，那你注定要落在人后。

法国著名美容品制造商伊夫·洛列靠经营花卉发家，从1960年开始生产美容化妆品，到如今他在全世界的分店已逾千家，他的产品在世界各地深受人们的喜爱。

伊夫·洛列原先对花卉抱有极大的兴趣，经营着一家自己的花卉店，一个偶然的机会，他从一位医生那里得到了一种专治痔疮的特效药膏秘方。

他对这个秘方产生了浓厚的兴趣。他想：能不能使花卉的香味深入一种药膏，使之成为芬芳扑鼻的香脂呢。说干就干，凭着浓厚的兴趣和对于花卉的充分了解，不久之后，伊夫·洛列果然研制成了一个香味独特的植物香脂。他十分兴奋，于是便带上他的产品去挨家挨户地推销，取得了意想不到的结果，几百瓶试制品不大工夫就卖得一干二净。

由此，伊夫·洛列想到了利用花卉和植物来制造化妆品。他认为，利用花卉原有的香味来制造化妆品，能给人以自然清新的感觉，而且原材料来源广泛，所能变换的香型种类也非常多，前途一定会大好。

他开始去游说美容品制造商实施他的计划。但在当时，人们对于利用植物来制造化妆品是抱否定态度的。几乎每个制造商都没有听完伊夫·洛列的建议便摇摇头、挥挥手，对他下了逐客令。

但是伊夫·洛列坚信自己的新颖想法没错。于是，他自己向银行贷款，建起了自己的工厂。

1960年，洛列的第一批花卉美容霜研制出来了，便开始小批量的生产，结果在市面上引起了轰动。在极短的时间内，就顺利卖出了70多万瓶美容霜，这对于洛列来说，不啻是个巨大的鼓舞。

伊夫·洛列利用花卉来制造美容品，可以说是一次大胆的尝试，那么，他利用邮购的方式来推销产品，便可以说是一种创举了。

伊夫·洛列开创了自己的公司之后，曾在报刊上刊登过广告，不过效果不太好，金钱花费较大，而反应也并不强烈。有一天，他突然有了一个想法，在广告上附上邮购优惠单，那么一定会引起许多人的注意。

于是，他在《这儿是巴黎》杂志上刊登了一则广告，上面附载了邮购优惠单。《这儿是巴黎》是一份发行量较大的杂志，结果其中40%以上的邮购优惠单给寄了回来，伊夫·洛列成功了。一时间，他这种独特的邮购方式使他的美容品源源不断地卖了出去。

1969年，伊夫·洛列扩建了他的工厂，并且在巴黎的奥斯曼大街上设了一个专卖店，开始大量的生产和销售化妆品了。

伊夫·洛列另辟蹊径，打破常规，积极创新，利用花卉来制造美容霜，而且采取当时闻所未闻的邮购方式，从而使自己的事业取得了不同凡响的成绩。

做任何事情绝不能只在一棵树上吊死，因循守旧、墨守成规只会导致事业的失败。如果只是踩着前人制定好了的路线，跟在别人背后，慢慢地前行，是绝不可能闯出一片属于自己的天地的。

生活中，有的人有主见、有个性，思路新颖，绝不盲从别人，这种人往往比较容易获得成功，独到的眼光、见解，就是他们成功的秘诀。不墨守成规、有独特的思路，这不仅是做事成功的保证，也是我们做人处世不可缺少的精神。

第八章

你不能不明白：没人能卖给你后悔药

> 人们总会不由自主地做一些让自己咬牙切齿的后悔事：我当初为什么学文不学理；调剂工作的时候我为什么不报名；和她分手前为什么不亲口告诉她我爱她……如此种种，不一而足。人们之所以会后悔，就是因为想的太少，面对问题时不够沉着冷静。要知道行动比思维快的结果往往将导致一团混乱，人生没有草稿，不能重新再来一遍，世上没有后悔药，错过的将永远失去。

1. 别让冲动支配你的行动

不能不明白的道理:

不管是在最快乐、最惬意的时候,还是在最忧愁、最恼火的时候,理性是用以镇住各种坏脾气的唯一要素。

——[英国] 笛福

冲动情绪往往是由于缺乏周密思考引起的。要知道许多问题的产生都是冲动,未经深思熟虑的结果。

南南的爸爸妈妈大吵了一架,起因是妈妈放在自己外套里的300元钱不见了,妈妈认定是爸爸拿的,但爸爸却不承认。下班后,爸爸直接去保姆家接南南,保姆一边帮南南穿衣服,一边说:"昨天我给南南洗衣服,从她口袋里找出300元钱,都被我洗湿了,晾在……"没等保姆把话说完,爸爸立刻就把南南拽了过去,狠狠打了她两个耳光,南南的嘴角立刻流血了,"你竟敢偷钱!害得我和你妈妈大吵了一架,这样坏的孩子不要算了!"他丢下南南掉头就走了。南南根本不知道发生了什么事,只觉得脸很痛就哭了起来。保姆对南南妈妈说:"你家先生也太急躁了,不等我把话说完就打孩子,这么小的孩子哪知道偷钱啊!100元钱对她来说就是张花纸。一定是她拿着玩时顺手放到口袋里的。"南南被妈妈抱回家,但却总是不停哭闹,妈妈只好带她去医院做检查。

检查结果让夫妻俩完全呆住了:孩子的左耳完全失去听力,右耳只有一点听力,将来得带助听器生活。同时由于失去听力,孩子的平衡感会很差,同时她的语言表达也将受到严重影响。

第八章

你不能不明白：没人能卖给你后悔药

南南爸爸简直痛不欲生，他一时冲动打出的两个巴掌竟然毁了女儿的一生，他永远也无法原谅自己，并将终生背负着对女儿的亏欠。

愚蠢的行为大多是在手脚转动得比大脑还快的时候产生的。每个父亲都是爱自己的孩子的，南南的爸爸也一定为女儿前途着想，想过女儿美好的未来，但冲动却使他亲手毁了这一切。**在遇到与自己的主观意向发生冲突的事情时，若能冷静地想一想，不仓促行事，也就不会有冲动，更不会在事后后悔莫及了。**

石达开是太平天国首批"封王"中最年轻的军事将领，在太平天国金田起义之后向金陵进军的途中，石达开均为开路先锋，他逢山开路，遇水搭桥，攻城夺镇，所向披靡，号称"石敢当"。太平天国建都天京后，他同杨秀清、韦昌辉等同为洪秀全的重要辅臣。后来又在西征战场上，大败湘军，迫使曾国藩又气又羞又急，欲投水寻死。在"天京事变"中，他又支持洪秀全平定韦昌辉的叛乱，成为洪秀全的首辅大臣。

但是，就在这之后不久，石达开却独自率领20万大军出走天京，与洪秀全分手，最后在大渡河全军覆灭，他本人亦惨遭清军骆秉章凌迟。石达开出走和失败的历史是鲁莽行动的体现，足以使后人深思。

1857年6月2日，石达开率部由天京雨花台向安庆进军，出走的原因据石达开的布告中说，因"圣君"不明，即责怪洪秀全用频繁的诏旨，来牵制他的行动，并对他"重重生疑虑"，以致发展到有加害石达开之意，这就使二人之间的矛盾白热化了起来。

而当时要解决这一日益尖锐的矛盾有三种办法可行：一种办法是石达开委曲求全，这在当时已不可能，心胸狭窄的洪秀全已不能宽容石达开；一种是激流勇退，解印弃官来消除洪秀全对他的疑惑，这也很难，当时形势已近水火，石达开解职的话恐怕连性命都难保；第三种是诛洪自代。谋士张遂谋曾经提醒石达开吸取刘邦诛韩信的教训，面对险境，应该推翻洪秀全的统治，自立为王。

按当时的实际情况看，第三种办法应该是较好的出路，因为形势的发展实际上已摒弃了像洪秀全那样相形见绌的领袖，需要一个像石达开那样的新的领袖来维系。但是，石达开的弱点就是中国传统的"忠君思想"，他讲仁慈、信义，他对谋士的回答是"予惟知效忠天王，守其臣节"。

因此，石达开认为率部出走是其最佳方案。这样既可继续打着太平天国的旗号，进行从事推翻清朝的活动，又可以避开和洪秀全的矛盾。而石达开率大军到安庆后，如果按照他原来"分而不裂"的初衷，本可以此作为根据地，向周围扩充。安庆离南京不远，还可以互为声援，减轻清军对天京的压力，又不失去石达开原在天京军民心目中的地位。这是石达开完全可以做到的。但是，石达开却没有这样做，而是决心和洪秀全分道扬镳，彻底分裂，舍近而求远，去四川自立门户。

历史证明这一决策完全错了，石达开虽拥有20万大军，英勇决战江西、浙江、福建等12个省，震撼半个中国，历时7年，表现了高度的坚韧性，但最后仍免不了一败涂地。

石达开的失败，主要是由于个人决策的错误，他的一时冲动使他做出了自不量力的行为。

当我们在做决定时，常会犯一个老毛病，就是凭冲动行事，既不分清情况又没有衡量好自己的能力，因此往往会做一些让自己赔了夫人又折兵的后悔事，因此，在面临做决定时，首先，应先问问自己做这个决定到底是为什么？有什么目的？如果做此决定会产生何种后果？这样能促使你三思而后行，避免冲动。

其次，要锻炼自制力，尽力做到处变不惊、宽以待人，不要遇到矛盾就以"兵戎相见"，像个"易燃品"，见火就着。倘若你是个"急性子"，更应学会自我控制，遇事时要学会变"热处理"为"冷处理"，考虑过各个选项的后果后再做决定。

我们不是神,对一些事情考虑不周是正常的,在做决定时我们也要经常提醒自己这一点。因为思虑不周所以更不能冲动,一定要控制好自己的感情,面对问题时尽量保持冷静。

2. 生活中最好的智慧

不能不明白的道理:

一个国王想给后世子孙留下最好的智慧,于是他命令大臣们把全国的智慧都汇编起来。三年后,大臣们献上了厚厚的12本智慧,国王摇了摇头:"太长了。"大臣们把书删减了一遍,呈上了3本书,国王翻了翻:"还是太长了!"大臣们把书又压缩了一下,但国王还是不满意,大臣们把书带了回去,3天后他们献上了一片纸,那上面只有短短的五个字:三思而后行。国王笑了:"你们终于帮我找到了世上最好的智慧。"

做决定时人们往往会经历两个阶段:一是决定前的思考阶段,一是决定后悔恨、无奈的阶段,事实证明,这两个阶段正好成反比,也就是说,你用于思考的时间越少,你的悔恨无奈就越多,反之亦然。

有一个父亲过世之后,只留给儿子一幅古画,儿子看了十分失望,正要把画束诸高阁,突然觉得画的卷轴似乎异常的重,他撕开一角,惊奇地发现不少金块藏在其间,于是立刻把画撕破,取出了金子。然后他又看到卷轴中藏有一张字条,指出画是古代名家所绘的无价之宝。可惜画已经在他冲动之下被撕得破碎不堪了。

中国人做决定时最常说的话就是："做了再说！""唉，船到桥头自然直！"虽然说任何决定的意义都取决于自己的价值观和人生需求，但这却不代表我们可以凭情绪随便行动。

在某大公司里，一群前来应聘的年轻人正面临着最后的考验——一场定时 10 分钟的考试。谁通过了，便可进入这家著名的大公司工作。

试卷共 30 道题，面宽而量广，这完全出乎这些在前几次招聘考核中表现出色的佼佼者的意料。这么多题，10 分钟的时间实在是太急促了。因此，许多人一拿到试卷便半秒也不肯耽搁地慌忙抢做，全然不顾监考官"请大家先将试卷浏览一遍再答题"的忠告。

试卷在 10 分钟后悉数收齐，总经理亲自批阅，然后从中挑出 6 份试卷。这 6 份卷面有一个共同特点，即 1~28 题全都未做，仅回答了最后两个问题。而其他试卷上的答题情况则好得多，做了前面不少题目，最多的做了 12 道题。

然而，该公司最后录用的竟然是那 6 个仅答了最后两道题的年轻人——原来秘密就藏在第 28 题中，它的内容是：前面各题均无须回答，只要求做好最后 2 道题。

这些参加考试的应聘者能在多次遴选中胜出，学问已没什么问题了。但这场考试显然是要测试学问以外的东西——一个人面对紧急的事情时，能不能保持冷静，能不能三思而后行。

人生有很多抉择，都是在过急的情况下出错的。因此，做决定前，请给自己一分钟做最后的检查、比较和判断，或许，你会发现新的盲点。所谓"三思而后行"，说的就是这个道理。

一个决定在你脑海形成而尚未付诸行动之前，这个决定还只是个构想，你随时要修改都可以。一旦做出实际行动，要改就很难了。因此，如果你投入诸多心血去规划一件事，那么在做出某一决定前，请再给自己一分钟的三思时间，在决定前，给自己一分钟，决定后你就可以省下

第八章
你不能不明白：没人能卖给你后悔药

几十个小时甚至几个月的修正、改过时间。

正所谓"磨刀不误砍柴功"，事前多想想，事后后悔的机率就小一点。故事中的儿子如果多想想再动手，也许就可以多获得一份财产了。结果他因为想得不够多，才在发现小利而急于争取时，破坏了自己获大利的机会。

当我们面对时刻变化着、运动着的世界时，对事物的认识可能会出现一些错误。因此，我们经常会遇到因考虑不周、鲁莽行动而造成损失的情况，所以我们遇事才要"三思而后行"，这是老祖宗留给我们的最好的智慧。

3. 别让错误一再重演

不能不明白的道理：

> 错误人皆有之，犯了错误的人只要不坚持错误，悔悟并设法改正错误，就决不是平庸之辈。
>
> ——［古希腊］索福克勒斯

从来不犯错误的人是没有的，但是犯过错误后就要接受一次教训，增长一分才智。如果一个人犯了错误后不懂得总结教训，只会坐在那里后悔自责，那么他就很可能会再犯类似的错误。

从前，有个农夫牵了一只山羊，骑着一头驴进城去赶集。

三个骗子知道了，想去骗他。

第一个骗子趁农夫骑在驴背上打瞌睡之际，把山羊脖子上的铃铛解下来系在驴尾巴上，把山羊牵走了。

不久，农夫偶一回头，发现山羊不见了，忙着寻找。这时第二个骗子走过来，热心地问他找什么。

农夫说山羊被人偷走了，问他看见没有。骗子随便一指，说看见一个人牵着一只山羊从林子中刚走过去，准是那个人，快去追吧！

农夫急着去追山羊，把驴子交给这位"好心人"看管。等他两手空空地回来时，驴子与"好心人"自然没了踪影。

农夫伤心极了，一边走一边哭。他责备自己为什么会这么容易相信别人，"我后悔死了，为什么要把驴交给陌生人！"他哭得更厉害了。当他来到一个水池边时，却发现一个人坐在水池边，哭得比他还伤心。农夫挺奇怪：还有比我更倒霉的人吗？就问那个人哭什么，那人告诉农夫，他带着两袋金币去城里买东西，在水边歇歇脚、洗把脸，却不小心把袋子掉水里了。农夫说，那你赶快下去捞呀！那人说自己不会游泳，如果农夫给他捞上来，愿意送给他20个金币。

农夫一听喜出望外，心想：这下子可好了，羊和驴子虽然丢了，可将到手20个金币，损失全补回来还有富余啊！他连忙脱光衣服跳下水捞起来。当他空着手从水里爬上来时，他的衣服、干粮也不见了，仅剩下的一点钱还在衣服口袋里装着呢！

没出事时麻痹大意，出现意外只知痛悔不已，三个骗子正是抓住了农夫的这个弱点才轻而易举地骗走了他的财物。人们在工作中、生活中遭受类似的挫折和失败是难以完全避免的，但吃了亏以后如果能长点智慧，那也是一件好事。

李宁与丈夫刚结婚不久，一次李宁在汽车上听几个人谈论炒股有多赚钱，她就心动起来：快点赚一笔钱把房贷还清，日子就会舒服多了。

当天晚上，李宁就回家和丈夫商量这件事，想把还债的存款拿去赌一把，先生表示反对，他认为还是扎扎实实地存钱还贷比较心安。但李宁没有听从丈夫的劝告，她提了三万元钱就去了股票大厅，站在大厅

第八章
你不能不明白：没人能卖给你后悔药

里，看着红红绿绿的电子公告牌，她茫然不知所措，正在这时，她听见几个四十多岁的女人正在谈论一只股票，说会稳赚不赔，李宁一咬牙，就把三万元钱全投到那只股票上去了。结果第三天开盘时，那只股票大跌，三万块钱全部打了水漂。李宁回到家里哭天抢地，差点跳楼。她每天以泪洗面，自责不已。两年后的一天，一个远房亲戚打来了电话，她告诉李宁自己找到了一个赚大钱的工作，干两年就可以买车买楼。当李宁问她具体是什么工作时，她模模糊糊地说是销售工作，听她说的天花乱坠，李宁又动心了。这次，她瞒着丈夫把存款取了出来跟亲戚走了。三个月后，丈夫把身无分文的李宁从派出所带了回来，原来她被传销骗了。

从此以后，李宁就像变了一个人似的，每天都要把自己的上当经历搬出来哭哭闹闹，恨自己笨，恨自己没用，丈夫好言相劝，无奈李宁就是不听，丈夫被李宁闹得心神不宁，工作也不顺利，最后两人只好离婚了。

做错决定，尤其是做错一些让你后悔终生的大决定，是一件让人扼腕不甘、难以忘怀的事。但是过去的事就让它过去吧，如果真要说那些过去的事有什么价值和意义的话，那就是让我们吸取教训，不再做类似让我们后悔的事罢了。这个故事，当李宁第一次失败后，本应记取这次教训；不再轻信别人的话，不再对自己不了解的事物冒险投资，但她却把时间都浪费在后悔自责上，以至于又犯了类似的错误，毁了自己的一生。

明代徐渭有一副对联："读不如行，试废读，将何以行；蹶方长智，然屡蹶，讵云能智。"印度著名的诗人泰戈尔也说："如果你错过太阳时流泪了，那么你也将错过群星了。"一个人如果在犯错后痛骂自己是混蛋傻瓜，那也只能给自己增添悔恨和沮丧罢了。不知吸取教训的人，将在悔恨里渡过一生。

4. 抓住人生最关键的几步

不能不明白的道理：

人生就像是弈棋，一步失误，全盘皆输，这真是令人悲哀之事；况且人生还不如弈棋，不可能再来一局，也不可能悔棋。

——［奥地利］弗洛伊德

日休禅师曾说过："人生只有三天，活在昨天的人迷惑，活在明天的人等待，只有活在今天的人最踏实。"但是生活中很多人眼睛都盯着明天，他们没有时间停下来看一看今天的美景，直到年老的时候，他们才为自己错过的一切而后悔。

他的头发白了，他的手脚没力气了，他已经是一个行动不便的老人了。年轻的时候，他超时工作，拼命赚钱，总是在为以后做打算。节假日，同事们带孩子度假，他却到朋友的店铺帮忙，以赚取额外收入。原本计划在还完房屋贷款后，便带孩子们到临近的泰国玩玩。可是，三个孩子慢慢长大，学费、生活费也越来越高。于是他更不敢随意花钱，便搁下游玩一事。

大儿子大学毕业典礼后一个星期，夫妻俩打算到日本去探亲。可是，在起程前两天的早晨，醒来时，他突然发现枕边的老伴心脏病发作，一命归天了。

这是怎样的遗憾啊！他逢人就说："如果再给我机会让我重活一次，我一定好好享受人生，一定不会忽略我的家人！"然而人生没有彩排，

第八章

你不能不明白：没人能卖给你后悔药

逝去的将永不会重来，再后悔又有什么用呢?!

在欧洲阿尔卑斯山中，有一条两旁风景很美的大道，大道上挂着一句标语，写着："慢慢走，请注意欣赏！"旅途中不经意的花草或许胜过你刻意追逐的顶峰；海滩边偶尔拾到的贝壳也许成为你一生的珍藏。如果说生命是一种体验，幸福是一种感觉，那么赶路时千万不要错过欣赏沿途的景色，忽略或遗忘那些真正的快乐。走一走，停一停，品一品，便不会有"归来时空空如也"的悔恨。

从年轻时开始，古航就一直在错过。18岁时，他痛苦地发现自己错过了学习的大好时光，没能够挤过高考的独木桥。20岁时，他错过了初恋的女孩，因为他不够勇敢，所以没能留住她；22岁时，他错过了一个不错的工作机会，他为此后悔了好久。25岁时他娶了一个端庄美丽的妻子，但他还在怀念自己喜欢的第一个女孩。

30岁时，古航错过了一个晋升的机会，回家以后他把自己的怨气都发在了贤惠的妻子身上，那一夜，她哭得很伤心。40岁时，古航在乡下的老母亲去世了，他后悔地说："早知道就把她接进城来孝敬几年了，管他条件好不好呢！"50岁时，古航成了医院的常客，他后悔以前没有爱惜身体，从前拿命换钱，如今拿钱换命！55岁时，他又错过了退休的好时机，不得不拖着病体再坚持五年。65岁那年，妻子生了很重的病，古航有时间就守在妻子身边，因为她的时间已经不多了。他感叹地说："这一生我真的错过了很多，现在你也要离我而去吗？"妻子带着解脱与满足的微笑说："那我够幸运了，至少我没错过你！"此时古航老泪纵横，原以为两人可以永远在一起，所以终日忙着工作与烦琐的事，却从不曾用心体贴朝夕相处的另一半。他紧紧地抱住了妻子："这辈子，我错过了你40年来的深情……"

很多人都在一生中不停地错过，错过爱情，错过事业，错过梦想，错过生活……人只能活一次，一旦错过了就将遗憾终生。

　　你是否有过这样的经历？曾经买了一件很喜欢的衣服却舍不得穿，郑重地把它供奉在衣柜里；许久之后，当你再拿出来准备穿的时候，却发现它已经过时了。所以，你就这样与它错过了。

　　也曾经买了一块漂亮的蛋糕却舍不得吃，郑重地把它供奉在冰箱里；许久之后，当你决定吃它的时候，却发现它已经过期了。所以，你就这样与它错过了。

　　没有在最喜欢的时候穿上的衣服和没有在最可口的时候品尝到的蛋糕，就像没有在最想做的时候去做的任何事情，都是人生无可挽回的遗憾。

　　任何事物都是有保质期的，一年、三年、五年，总会有过期的时候。人的生命也是有保存期限的，所有想做的事应该趁早去做，不要错过了，只剩下美丽的遗憾。要知道，如果只是把心愿郑重其事地供奉在心里，却未曾去实行，那么唯一的结果就是与它错过，一如那件过时的衣服，一如那块过期的蛋糕。

　　人生短短几十年，"现在"对我们来说是最珍贵的，一个人把握住了现在，他也就把握住了自己的人生。

5. 珍惜身边的幸福

不能不明白的道理：

　　花园中有一株红玫瑰和一株永不凋谢的塑胶花，红玫瑰总觉得自己留在小花园里太委屈，应该去更大的地方，让更多的人欣赏到自己的美

第八章

你不能不明白：没人能卖给你后悔药

丽。塑胶花看它闷闷不乐就开导它："妹妹，咱们这里挺好啊，有翠绿的小草，有芬芳的土地，主人还不时给你浇水！花无百日红啊！努力让自己开得再美丽一些吧！"红玫瑰听不进姐姐的话，它的眼睛正看着围墙外的天空呢！几天以后，玫瑰渐渐枯萎了，生命的最后一刻它哭着说："多香的泥土啊！多绿的小草啊！为什么我从前没发现呢？"人也常是这样，不失去时便不知道珍惜。

不懂得珍惜的人，就不会懂得生活的甘苦，他们不懂得幸福来之不易，不懂得时间一去不返，他们每天都在浪费着自己的幸福，直到失去一切的时候才会后悔自己的轻狂无知，然而一切都已经太晚了。

生命中最大的浪费，莫过于浪费时间了，富兰克林曾说过："你热爱生命吗？那么别浪费时间，因为时间是组成生命的材料。"

有一次，著名教育家约翰·本杰明老师接到了一个青年人的求救电话，并与那个向往成功、渴望指点的青年人约好了见面的时间和地点。那个青年人如约而至，看到约翰·本杰明的房门已经敞开了，眼前的景象却令青年人颇感意外——本杰明的房间里乱七八糟，一片狼藉。没有等青年人开口，本杰明就招呼道："你看我的房间，这太不整洁了，请你在门外等候一分钟，让我收拾一下，你再进来吧。"一边说着，他就一边轻轻地关上了房门。不到一分钟的时间，本杰明就又打开了房门，并热情地把这位青年人让进了客厅。这时，在青年人的眼前展现的完全是另一番景象——房间内的一切已变得井然有序，而且有两杯刚刚倒好的红酒，在淡淡的香水气息里还荡漾着微波。

可是，还没等这个青年人把满腹的有关人生和事业的疑难问题向本杰明讲出来时，本杰明就非常客气地说道："干完这一杯，你就可以走了。"青年人手持着酒杯一下子愣住了，既尴尬又非常遗憾地说："可是，我……我还没向您请教呢……"

"这些……难道还不够吗？"本杰明一边微微笑着一边扫视着自己的房间，轻言细语地说，"你进来又有一分钟了。"

"一分钟……一分钟……"青年人若有所思地说，"我懂了，您让我明白了一分钟的时间可以做很多事情，一分钟可以改变许多事情的深刻道理，所以珍惜现在的每分每秒才是最重要的。"本杰明听完，舒心地笑了。

青年人把杯里的红酒一饮而尽，向本杰明连连道谢后，开心地离开了。其实，只要好好把握生命中的每一分钟，就能掌控成功、完成美满的人生，也就不会觉得自己老。人生能有几回搏，此时不搏更待何时。

"花有重开日，人无再少年。"树木枯了，有再春的时候；花儿谢了，有再开的时候；燕子去了，有再飞回来的时候；然而一个人的生命窒息了，就没有再生的机会。到那时你再悔恨再自责又有什么用。

所以，**把握生命的每一分钟，全力以赴追逐我们心中的梦，我们的生命便不会随着今天的虚度而枯竭，更不会因为明天的等待而消亡。**

珍惜情义，因为它是使人幸福的主动力。珍惜亲情，看看父母期盼的双眼，听听他们温暖的叮咛，想想他们的谆谆教诲，你会更加懂得这份"谁言寸草心"的情怀。现在就去告诉他们你的爱，好好照顾他们、关心他们，千万不要给自己留下"子欲养而亲不在"的伤痛和悔恨。

珍惜爱情，相爱是百年的缘分，互相谅解、互相包容，"执子之手"或许未必能天荒地老，但在一起的时候还是多想着对方的好处，让每一天都是快快乐乐的。

珍惜友情，因为它真挚。相遇难，相知更难，芸芸众生，与朋友相识是一种难得的缘。

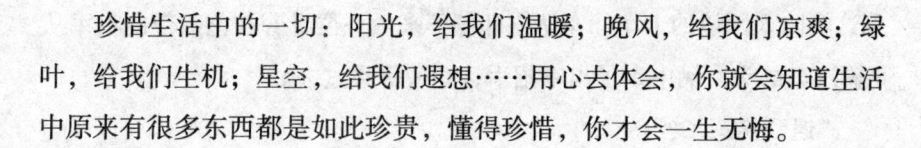

第八章
你不能不明白：没人能卖给你后悔药

珍惜生活中的一切：阳光，给我们温暖；晚风，给我们凉爽；绿叶，给我们生机；星空，给我们遐想……用心去体会，你就会知道生活中原来有很多东西都是如此珍贵，懂得珍惜，你才会一生无悔。

6. 别让石头砸了自己的脚

不能不明白的道理：

一个人养了一头驴和一只狗，驴每天从早到晚不停地拉磨，累得够呛，但狗却不用干活，只管吃、睡、玩。不仅如此，驴每天都要挨打挨骂，狗却备受主人喜欢。为什么主人对自己这么不公平呢？驴仔细观察了一下，原来，每次主人回来的时候，狗都要一边叫一边迎上去摇头摆尾，讨主人喜欢。驴明白了自己就吃亏在不会溜须主人，它决定从此以后向狗学习。第二天主人刚进门，驴立刻就学着狗的样子迎了上去，主人大吃一惊："快来人！驴疯了，把它送到村东头宰了吧！"

行动之前的决定是由一连串的判断而来的，如果没有看清情况就仓促行动，很可能会使人做出"搬石头砸自己脚"的蠢事。

二战期间曾经发生过这样一个故事：早春的一个下午，某国的一个一等兵开着一辆带帆布顶篷的大卡车，艰难地行驶在前线那被融雪浸泡得异常泥泞的道路上。

卡车已经两次陷进深深的泥浆之中，到了第三次，一等兵一直担心的事情终于发生了，汽车滑进泥坑直陷到车轴处。

正在这时，随着一阵响亮的汽车喇叭声，一队轿车从右边驶过。看到这辆陷入困境的卡车，车队立即停下来。一位身着红色佩带的将军从8辆汽车的头一辆中走了出来招手，让一等兵过去。

"遇到麻烦了？"

"是的，将军先生。"

"车陷住了？"

"陷在泥坑里，将军先生。"

这位将军仔细地观察了一下，他认为这是一个促进官兵同甘共苦的好机会。于是，他决定身体力行地给大家做个榜样。

"注意了！"他拍拍手用命令的口气高声叫喊着，"全体下车！军官先生们过来！我们让一等兵先生重新跑起来！干活吧，先生们！"

从8辆汽车里钻出整整一个司令部的军官、少校、上尉，一个个穿着整洁的军服。他们同将军一起埋头猛干起来，又推又拉，又扛又抬。就这样干了十多分钟，汽车才从泥坑中出来停在道上准备上路。

我们可以想象当这些军官穿着满是泥污的军服钻进汽车时，他们的样子是何等的狼狈，他们在心里又是怎样诅咒这道命令。将军留在最后，为自己的善举而洋洋自得的他又走到一等兵面前。

"对我们还满意吗？"

"是的，将军先生！"

"让我看看，您在车上装了些什么？"

将军拉开篷布，他看见，在车厢里坐着22个士兵。

当我们发现问题时，首先要判断一下这个问题值不值得我们花心思去研究，然后把所有关于这个问题的东西都搞清楚，再判断一下到底该怎么做。简单地说，在思考及评估一个决定的过程中，判断是一个个环节，不停地滤掉不合逻辑的东西，剩下的就是我们该采取的正确行动。当然所有的一切判断必须以实际情况为前提。故事中的将军就是因为没

第八章
你不能不明白：没人能卖给你后悔药

对问题考虑清楚，所以才下了一道让自己丢脸的命令。他还没有把目标定出来，就急着判断，判断时又只按照自己的思路走，结果做出的决定是一团糟，事实和想象差了十万八千里。这种情形，就像我们打靶时还没瞄准，就扣了扳机，结果，不仅没中目标，还浪费了子弹，这时再后悔，已经晚了。

还有人会"砸到自己的脚"是因为在情绪不好的时候，就随便下决定导致的。有一位美丽的姑娘与一位才华出众的意中人共坠爱河，家里人却极力反对，认为门不当户不对，因为小伙子家太穷了。姑娘虽极力坚持，却不料此时意中人意外地离去。姑娘遭受重大打击后，万念俱灰，便随意地听从父母的安排，嫁给一位自己并不爱的人。而随着岁月的流逝，这位姑娘慢慢地发现，她是从一种伤痛中走入另一种更深的痛苦。

很多时候，我们情绪低沉，意兴阑珊，却并没有由此而推迟去做重要决策。痛苦消沉时的决策、赌气时的冲动决策、悲观失望时的无奈决策，都是不明智的，多年以后，当我们反回头时，就会明白这些决策给我们造成多大的伤害。

遇到问题时应平心静气地进行处理，越是重大的决策，越是要心平气和、头脑冷静，周密地分析各种信息，判断各方局势，做出认真负责、科学的决策。

而当一个人情绪波动比较大或压力比较大时，仍然能做到冷静理智是一件很困难的事，这时候也是最危险的时候，因为我们可能丧失了清晰的分析判断能力，最容易做出糟糕透顶的决策。而且，这种时候，人心底还会有一种尽快摆脱这种境地的渴望：我不想在这儿呆下去了，随便哪条路，只要能走开就行。

在各种情绪的冲动下，我们极易干出后悔终生的傻事来。所以，在情绪不好的时候，首先应平静下来，控制住自己的情绪，而不是匆忙决策。

如果你不想做出令自己后悔的决定，那么面对问题时，就一定要好好规划一下自己的思路。这样你就可以用事前的"四两"去拨事中的"千斤"，但如果你在事前出现失误、疏忽，那么事后可能是用"千斤"也无法弥补的。

7. 千万别锁住你自己

不能不明白的道理：

一只老虎在树下休息时，看见一只刺猬正摊开四肢晒太阳。"哈哈，"老虎想，"真不错，午餐有着落了！"它跳起身就朝刺猬冲去，可刺猬反应的也不慢，它马上蜷起身子，老虎就一口咬在了刺上，痛得老虎一声怪叫，起身就跑，它昏头胀脑地乱窜，后来又晕了过去。等它醒来时，立刻大吃一惊，自己的周围全都是"小刺猬"（橡树球），它赶忙央求这些"小刺猬"放过自己，但却没有任何回应，一天，两天，三天……老虎待在那里活活饿死了。

很多时候，我们都被自己的固定思维给锁住了，我们犯了自以为是的错误，不敢去尝试，结果白白错过了好多机会。

曾有这样一个故事：纽约的一家报纸上登了这么一则广告："一美元购买一辆豪华轿车。"

哈利看到这则广告半信半疑："今天不是愚人节啊！"但是，他还

第八章

你不能不明白：没人能卖给你后悔药

是揣着一美元，按着报纸上提供的地址找了去。

在一栋非常漂亮的别墅前面，哈利敲开了门。一位高贵的少妇为他打开门，问明来意后，少妇把哈利领到车库里，指着一辆崭新的豪华轿车说："喏，就是它。"

哈利脑子里闪过的第一个念头就是："是坏车。"他说："太太，我可以试试吗？"

"当然可以！"

于是哈利开着车兜了一圈，一切正常。

"这辆轿车不是赃物吧？"哈利要求验看车照，少妇拿给他看了。

于是哈利付了一美元。当他开车要离开的时候，仍百思不得其解。他说："太太，您能告诉我这是为什么吗？"

少妇叹了一口气："唉，实话跟您说吧，这是我丈夫的遗物。他把所有的遗产都留给了我，只有这辆轿车，是属于他那个情妇的。但是，他在遗嘱里把这辆车的拍卖权交给了我，所卖款项交给他的情妇。于是，我决定卖掉它，一美元即可。"

哈利恍然大悟，他开着轿车高高兴兴地回家了。路上，哈利碰到了他的朋友汤姆。汤姆好奇地问起轿车的来历。等哈利说完，汤姆一下子瘫在了地上："啊，上帝，一周前我就看到这则广告了！"

生活中什么事都有可能发生。然而有些人却自以为是，与一些本来可以唾手可得的好事失之交臂，过后后悔莫及，当初却受限于自己，这不能不说是愚蠢至极的错误。

生活中，我们也常遇到类似的事情：

甲、乙、丙三个人是大学同学，毕业后就在一起租了一套房子。一天，做业务的甲一下班立刻匆匆赶回家，他需要拿一套资料在晚上应酬的时候交给客户，当他赶回家时，一掏兜，发现没带钥匙。他这下可急坏了，因为时间不多了，他不能第一次和客户见面就迟到啊！他一边看表，一边蹲在地上诅咒。二十分钟后，乙兴冲冲地回来了，姑姑给他介绍的女孩今天要与他见面，自己怎么也得打扮得帅一点，当然也得准备点钱，但很快他也和甲一样沮丧地蹲在地上，因为他的钥匙忘在办公室桌上了。正当他们一筹莫展时，房门竟然奇迹般地打开了，丙一脸睡意地站在门口，奇怪地看着他们。"门又没锁，你们为什么不推一下呢？"原来丙今天感冒跟公司请了假。

甲的客户很生气，认为不守时的人不值得信任；乙赶到咖啡厅时只看到女孩留在桌上的一张纸条：让女孩子等的男人让我没有安全感。甲和乙后悔死了：为什么没有试着推一下那扇门？

门没锁，只要动手轻推一下，就可以进去。当甲发现自己没有带钥匙时，他就傻傻地等在门口，在二十分钟里，他居然没有想到用手推一下门。当乙回来时，他受甲的影响，认定那扇门是锁着的，也就没有动一下手。这实在是一件荒唐事，那扇门没有锁住他们，锁住他们的其实是他们自己。我们在做事情而不成功的时候，很大程度上犯的就是这种错误。我们用自以为是的错误意识，锁定了自己能力的大门，否定自己，认定所做之事根本不可能成功，却根本不去尝试一下。

遇事多试几次并不会让你有什么损失，顶多是不成功而已。但如果你因为不敢尝试而失去成功的机会，那你一定会遗憾终生的。

第八章
你不能不明白：没人能卖给你后悔药

8. 生活不能承受误会

不能不明白的道理：

一个猎人在山林里拣到一只小狼，他把小狼抱回家，像养狗一样养大。猎人对小狼很满意，夜里就让它睡在自己的床边。有一天夜里，猎人睡得正香，却觉得被什么东西咬了一下，他睁开眼，正看见小狼眼露凶光，撕扯着自己的袖子，他大吃一惊，心想真是本性难移呀！他迅速地挣出袖子，从床边抽出斧头把小狼砍死了。这时，他突然闻到一股焦味，冲到门口一看，他呆住了，原来厨房着了火，小狼扯他的衣服，只是为了叫醒他，猎人的斧子一下子掉在了地上。

误会，往往是在人们不了解，缺乏理智，缺少耐心，不加思考，未能多体谅对方，反省自己，感情极为冲动的情况下发生的。

一对真心相爱的男女结婚了，他们过得幸福极了。爱屋及乌，婚后不久妻子就主动提出把婆婆接来城里奉养，丈夫觉得非常感动。

因为丈夫是由婆婆一个人拉扯大的，所以母子的感情更是非同一般，妻子也很体谅婆婆的艰辛，刚开始她们相处的还可以。可是，渐渐地由于各自的习惯不同，生活有了不和谐。婆婆一直生活在乡下，有时很看不惯媳妇的生活方式，譬如没事就买一大堆衣服，穿不了几天就扔下了，浪费钱；而媳妇有时觉得婆婆不是很爱清洁，甚至连洗碗都会洗不干净。

而这些还只是细节方面的小冲突，他们之间还有一个不可协调的矛盾——丈夫早上起来做早餐。在婆婆看来，大男人给老婆烧饭简直就是不像话，所以每次早餐桌上，婆婆总是阴沉着脸，而媳妇装作看不见；然后婆婆便把筷子弄得丁当乱响，这是她无声的抗议，每每这时，媳妇对婆婆的抗议总是装聋作哑。慢慢地，婆媳之间的话语没有了，更多的是冷战，家里的气氛尴尬极了。儿子成了尴尬的中间人，妻子说婆婆不好，婆婆挑媳妇不是。终于，为了不让儿子做早餐，婆婆义无反顾地担当起做早餐的任务。

看着儿子吃得高兴，婆婆就会用谴责的目光看着媳妇，认为她没有尽到做妻子的责任。一赌气，媳妇便不吃婆婆烧的饭，早上都是在上班的路上买些包子打发自己。

丈夫看着至亲至爱的人关系这么恶劣，心里也不好受，但是他更生妻子的气，认为她不应该跟老人家计较，这天睡觉前他对妻子说："你是不是嫌弃我妈做饭不干净才不在家里吃的？"妻子没有说什么，丈夫又说："就当是为我，你就在家吃早餐吧！"

第二天，妻子只好勉强地坐到了餐桌前。喝着婆婆做的稀饭，结果突然一阵反胃，她想压制从肚子里往外涌的东西，但是没有压制住，情急之下，她扔下碗，冲进卫生间，吐得稀里哗啦。

当她平息住的时候，就听到婆婆骂骂咧咧的声音，丈夫站在卫生间门口也愤怒地看着她，于是夫妻间大吵一架。

后来婆婆起身就走了，丈夫出门去追。婆婆出门后迷迷糊糊地向车站走，她想回老家，儿子越追她走得越快，穿过马路时，一辆卡车迎面撞了过来……婆婆倒在了血泊中，再也没有醒过来。

而媳妇也有无限委屈，因为她并不是故意的，最近她感到身体有点不适，吃什么都没有胃口，于是她便到医院去检查，原来是怀孕了，早上的呕吐是妊娠反应。

第八章
你不能不明白：没人能卖给你后悔药

可是，意外得来的小生命，却突然葬送了婆婆的性命。一个个无情的误会，扰乱了幸福的脚步，而这一次更是致命的误会，葬送了婆婆，也葬送了他们的爱情……

这真是一个令人伤心的故事，一个误会竟然毁了一个美好的家庭。在误会一开始的时候，人们常常习惯指责对方，把关系弄得越来越僵硬，就像这个故事中的婆婆和媳妇一样，她们为了一点小事指责对方，互不谅解，当误会累积到一定程度时，就像一座装满了火药的仓库，只要有一根导火索就可以把它点燃。而媳妇的呕吐就成了导火索，事情终于弄到了不可收拾的地步。婆婆错了，还是媳妇错了？也许两个都没错，毕竟每个人的生活方式和价值观都不同。也许她们都错了，生活在同一个屋檐下，为什么不能互相体谅一下呢？

人是非常复杂的，我们又不是神，怎么能猜得出对方心里在想什么呢？他无意你却有心，再加上不能及时沟通，人与人之间的误会很大程度上都是这样产生的。所以，如果什么人做了让你不高兴的事，请先不要忙着指责对方，静下来想一想自己是不是错解了他的意思。如果可以的话，不妨平心静气地约他聊一聊，你也许会发现事情并不是你想象的那个样子。

误会是一堵冰冷的墙，它隔开了彼此的感情交流；误会是一颗不定时炸弹，说不定什么时候就会把大家炸得人仰马翻。一个小小的误会也常会制造出严重的后果，所以人与人之间产生误会时一定要赶快想办法消除，不要等到无法挽回时再痛悔自责。

9. 收起你的伶牙俐齿

不能不明白的道理：

森林大会上，狮子大王领着大家评先进，猴子在台上开玩笑地说："我建议评最受人类欢迎和最让人类讨厌的动物，最受欢迎的当然就是我，因为我最像人类。最讨厌的当然就是——"它拍了拍身边的狐狸，"因为人类最恨狐狸精！"那些动物一听真有点道理，就大笑起来。狐狸一句话也没说，过了一些日子，狮王生了大病，狐狸告诉大王吃猴心就可以痊愈，可怜的猴子立刻被绑到了树上，它气愤地问狐狸无缘无故为什么要害它，狐狸冷冷地反问它："无缘无故为什么要取笑我？"

俗话说："好言一句三冬暖，恶语伤人六月寒。"语言是交流思想感情的工具，但也是引起各种祸端的因由。

这是一个真实的故事：在某大学的一个寝室里住着四个女生，三个来自城市，一个来自农村。来自农村的红性格内向，自尊心很强，所以总是跟其他三个室友显得格格不入。而红最讨厌的就是一个叫楠的女孩，那个女孩性格暴躁，言必压人一头，总是对红连讽带刺。后来红不幸地患上了较轻的肺结核，同学们纷纷关心她、照顾她，同寝室的其他两个女孩也总是好言安慰她，只有楠却把她看成病菌一样，还扬言把红撵出这个宿舍，以免传染。这些话严重地伤害了红的自尊心，她对楠的恨意更深了。不久后发生的一件事将两人的矛盾彻底引爆了。那天楠中

第八章

你不能不明白：没人能卖给你后悔药

午回到寝室，突然发现新买的洗面奶不见了，她连找都不找，立刻就开始指责红是小偷。室友都劝楠找一找再说，并强调红虽穷，但却不是手脚不干净的人，请楠不要欺负她。楠却一脸傲慢地说："告诉你，只要你在这寝室住一天，我就欺负你一天，看你能怎么着？"骂完后，楠像没事人一般地去休息了，红则哭着跑了出去，一下午没去上课，那天夜里大家被一声惨叫惊醒了，拉开灯一看，楠捂着脸正满床打滚，红正手持一个矿泉水瓶冷冷地站在床边，原来被辱骂之后，红心境难平，竟然找了一些硫酸，并趁楠睡着时泼到了她的脸上。红以故意伤害罪，被判处有期徒刑16年，而楠也被彻底毁容，永远地失去了姣好的容貌，引发两人冲突的洗面奶在水房的洗手台上被找到了，是楠自己把它忘在了那里，楠可能再也用不上它了。

红用极端的手段伤害同学，的确应该受到法律的制裁，但如果楠能够忍住恶语，她的结果也就不会这么惨。这个典型事例说明恶语不仅伤人、伤心，更会引起祸端。所以人群中那些习惯伶牙俐齿、语不饶人的人千万要引以为戒，时时慎言，以免招惹是非。

古人说："刀疮易受，恶语难消。"人与人之间说话和蔼、善解人意，是对他人的尊重，也是有教养的表现。而动不动就蛮横无理，出言不逊，不仅伤了人与人之间的和气，还容易埋下祸根。因此在人生的路上，要想生活得安宁愉快，就需要忍言慎语。忍言，不是不要说话，而是该说的要说，不该说的不说；慎语，就是要考虑好了再说，否则一言有失，即酿成大祸，产生让你悔恨终身的结果。

在人际交往中，灾祸产生的原因主要是多开口，"病从口入，祸从口出"，说的就是这个意思。语言可以换取尊荣，但也可以带来祸患和耻辱。所以收起你的伶牙俐齿，学学忍言慎语。对你的敌人要言语小心，这是基于谨慎的原则；对于其他人要言语小心，这是为了维护别人尊严的缘故。一句话出口容易，但却从来没有机会将它收回去。谈话时就好像在立遗嘱：言语越少，纠纷越少。在不得要领的事情方面，讲话也要像面临较重要的事情一样。

　　人类的语言是解析内心玄机的钥匙。我们不需要为了显出很有智慧的样子，就搬出一堆充满洞察力的评论，我们所需要的是知道怎样听别人说话，及怎样让他开启心胸谈话。而凡是讲话随便的人不久就会堕落或者失败。人生要讲话的机会实在太多了，但要真正把话讲得好的实在不多，"话多不如话少，话少不如话巧"，这句话说得很好，能在适当的时候说出一句好话是重要的，不仅能鼓励别人，更能提升自己说话的技巧。如果我们话说得太多、太满则漏洞就愈多，这就是所谓的"言多必失"。

　　说出去的话就像泼出去的水一样，很难收回，况且多言取厌，轻言取悔，凡事还是少说为佳，不要因为多嘴而做出让自己后悔的事。

第九章

你不能不明白：贵人不一定是好人

> 坎坷人生路上，每个人都盼望能有贵人相助。遇到困难时，贵人会帮你一把，晋升受阻时，贵人会拉你一下……但贵人都是些什么人呢？领导、亲戚、朋友？未必。贵人也可能是素不相识的陌生人，可能是给你带来麻烦的人，甚至可能是对你心怀敌意的人。不要以为贵人一定是"好人"。

1. 爱你的对手

不能不明白的道理：

如果可能的话，不应该对任何人有怨恨的心理。

——［波兰］叔本华

耶稣说："爱你的仇人。"不仅是因为仇恨会造成你我的敌对，还会加重生活的不安与忧虑，而且也因为恨的反面就是爱，仇人也可能成为你的知己或贵人。

在一个偏远的山村，王姓与金姓两家是三代世仇，两户人家一碰面，经常演出"全武行"。有一天傍晚，老王与老金从市集里出来，碰巧在返村的路上遇见了。两个仇人一碰面，倒没有开打，不过，也各自保持距离，互相不答理对方。两人一前一后走在小路上，相距约有几米之远。

天色已经相当暗了，是个乌云蔽月的夜晚，走着走着突然老王听见前面的老金"啊呀"一声惊叫，原来是他掉进溪沟里了。老王看见后，连忙赶了过去，心想："无论如何总是条人命，怎么能见死不救呢？"

老王看见老金在溪沟里浮浮沉沉，双手在水面上不断挣扎着。这时，急中生智的老王连忙折下一段柳枝，迅速将枝梢递到老金的手中。

老金被救上岸后，感激地说了一声"谢谢"，然而猛一抬头后才发现，原来救自己的人居然是仇家老王。

老金怀疑地问："你为什么要救我？"

老王说："为了报恩。"

第九章
你不能不明白：贵人不一定是好人

老金一听，更为疑惑："报恩？恩从何来？"

老王说："因为你救了我啊！"

老金丈二金刚摸不着脑袋，不解地问："咦？我什么时候救过你啦？"

老王笑着说："刚刚啊！因为今夜在这条路上，只有我们两个一前一后行走。刚才你遇险时，倘不是你那一声'啊呀'，第二个坠入溪沟里的人肯定是我了。所以，我哪有知恩不报的道理呢？因此，真要说感谢的话，那理当先由我说啊！"

与人交往，退一步就是海阔天空，就像老王和老金一样。两人本来是世仇，但却因为遇险而成为朋友。老王是老金的贵人，他在关键时刻救起了老金，但老金又何尝不是老王的贵人，如果不是老金喊了一声，老王也一定会掉进溪沟。生活中也是这样，当我们需要帮助时，出现在身边的常常是与你敌对的人。

弗兰克住在瑞典的艾普苏郡。他在维也纳当了很多年律师，但是在第二次世界大战期间，他逃到瑞典，一文不名，很需要找份工作。因为他能说并能写好几国的语言，所以希望能够在一家进出口公司里，找到一份秘书工作。绝大多数的公司都回信告诉他，因为正在打仗，他们不需要这一类的人，不过他们会把他的名字存在档案里，等等。不过有一封写给弗兰克的信上说："你对我生意的了解完全错误。你既错又笨，我根本不需要任何替我写信的秘书。即使我需要，也不会请你，因为你甚至连瑞典文也写不好，信里全是错字。"

当弗兰克看到这封信的时候，简直气得发疯。那个瑞典人写来信说，他写不好瑞典文是什么意思？那个瑞典人自己的信上就是错误百出。于是弗兰克也写了一封信，目的要想使那个人大发脾气。但接着他停下来对自己说："等一等。我怎么知道他说的这个是不是对的？我修过瑞典文，可是它并不是我家乡的语言，也许我确实犯了很多我并不知道的错误。如果是那样的话，那么想要得到一份工作，就必须再努力地学习。这个人可能帮我一个大忙，虽然他本意并非如此。他用这么难听的话来表达他的意见，并不表示我就不亏欠他，所以应该写封信给他，在信上感谢他一番。"

于是弗兰克撕掉了刚刚写好的那封骂人的信，另外写了一封信说："你这样不怕麻烦地写信给我实在是太好了，尤其是你并不需要一个替你写信的秘书。对于我把贵公司的业务弄错的事我觉得非常抱歉，我之所以写信给你，是因为我向别人打听，而别人把你介绍给我，说你是这一行的领导人物。我并不知道我的信上有很多文法上的错误，我觉得很惭愧，也很难过。我现在打算更努力地去学习瑞典文，以改正我的错误，谢谢你的帮助使我走上改进之路。"

不到几天，弗兰克就收到那个人的信，请弗兰克去找他。弗兰克去了，而且得到了一份工作。

"爱你的仇人"不只是一种道德上的教训，而且是自我的一种原谅，这对我们的人际关系有莫大的好处。如果弗兰克看到那封令人生气的信后，大发雷霆，并回敬对方一封更恶毒的信的话，那么结果会是怎么样呢？没错，弗兰克会出一口恶气，但他将得不到那份他急需的工作，弗兰克确实是个聪明人，他把他的怒火压制起来，用温和大度来回应对方的恶意挑衅，结果那个瑞典人就变成了弗兰克的贵人——给了弗兰克一份工作。

爱你的仇人，会让你少一个敌人，多一个朋友甚至是贵人，不要犹豫了，这很容易做到，只要你主动伸出和解之手，再深的心结也能够化解。

第九章
你不能不明白：贵人不一定是好人

2. 陌生人也可能成为你的贵人

不能不明白的道理：

☞

一只兔子在路上看到了一个奇怪的家伙，它奄奄一息地躺在路边，兔子想了一下，就用树叶去河边取了些水淋在它身上，然后摇摇头走了。有一天一只猎狗追踪兔子来到草丛里，兔子只好乱跑一气，希望能摆脱猎狗，这时候，一个吓人的刺球从草丛里滚了出来向猎狗扑去，猎狗被吓走了，兔子朝它一再道谢，刺球却说："你不认识我了吗？你曾在路边用水救过我！"

贵人分两种：一种是已存在的贵人，例如你的朋友、上司，另一种是潜在的贵人，这种人现在对你来说，还只是陌生人，但通过争取，他们却会成为你的贵人，并给你极大的帮助。

纽约的出租车司机约克，每天都要开着车子在大街上找乘客，星期三一大清早，在六十八街纽约医院对面，他碰上红灯，停车等候。这时他看到一个穿得很体面的人从医院的台阶上急步下来，举手叫车。

正在这时，绿灯亮了，后面那部车子的司机不耐烦地按喇叭，约克也听到警察吹哨子要他开走，但是他不打算放弃这个客人。终于那人来到了，跳进汽车。他说："去机场。谢谢你等我。"

约克心里想：真是好消息。星期三早上，机场很热闹。如果运气好，我可能有回程乘客。那就够满意了。

过了一会儿，乘客开口跟他攀谈，问得再平常不过："你喜欢开出租车吗？"

这是一个很普通的问题，约克也给他一个很普通的回答："还不错。糊口不成问题，有时还会遇到有趣的人。可是如果我能够找到一份工作，每星期多赚一百元，我就会改行。你也会吧？"

"如果要我每星期减薪一百元，我也不会改行。"他的回答引起了约克的兴趣。他从来没有听过人说这样的话。"你是干哪一行的？"

"我在纽约医院的神经科做事。"

约克对他的乘客总感到很好奇，并且尽量向人讨教。在行车的许多时候，他都跟乘客谈得很默契，也时常得到做会计师、律师、水管匠的乘客友好指点。也许这个人真的喜欢他的工作，也许只是因为在这春日早晨，他的心情很好。不过约克决定了请他帮忙。他们很快就要到达飞机场了，约克于是不顾一切对他说了出来。

"我可以请你帮我一个大忙吗？"

乘客没有开口。

"我有一个儿子，十五岁，是个很乖的孩子。他在学校里成绩很好。今年夏天我们想叫他参加夏令营，他却想做暑期工。可是十五岁的孩子，如果他老爸不认识一些老板，就不会有人雇佣他。而我一个老板也不认识。"

约克停了一下："你有可能帮他找一份暑期工作吗？没有酬劳也行。"

乘客仍然没有开口。约克开始觉得自己很傻，实在不应该提出这个问题。最后，车子开到机场大厦的斜路时，乘客说："医科学生暑期有一项研究计划要做，也许他可以去帮忙。叫他把学校成绩单寄给我吧。"

回家后，约克让儿子威廉按乘客留下的地址寄出了成绩单。

两个星期后，约克下班回家，见到儿子满面笑容。他递给爸爸一封

第九章

你不能不明白：贵人不一定是好人

用很讲究的凹凸信纸写给他的信，信纸上端印着"纽约医院神经科主任安德鲁·霍华德医学博士"一行字。信中叫他打电话给霍华德医生的秘书，约个时间面谈。

约克兴奋得简直要跳起来，其实在他开口向陌生人求助时，并没有对这件事抱太大的希望，谁能指望一个陌生人会帮这么大的忙呢！他相信自己真的是遇到了贵人。

威廉在那所医院里做了一个暑期的义工，霍华德医生给了他200元工资。第二年威廉又去那里做了暑期工，并渐渐地爱上了这一行。大学快毕业时，他申请进医学院，霍华德医生又热情地替他写了推荐信，推荐他的才能和人品。几年后，威廉取得医学博士学位，并在霍华德医生那里工作了六年。现在出租车司机约克的儿子已经成为纽约医院眼科的主任医生了。

人们总是习惯地认为，能帮助自己的贵人，必定是跟自己有密切关系的人，其实未必。只要你有与人交往的良好意愿，那么你也可以把陌生人变成朋友，并让他帮你的大忙。在有些人看来，约克似乎做了件很傻、很冒昧的事——在出租车上向陌生人求助，但事实上这正是约克的聪明之处，他从不放弃寻找贵人的机会，比如他就曾多次从做会计师、律师的乘客那里获得帮助。可见贵人并没有什么特定的指代对象，只要你愿意，你可以自己从生活中发掘贵人。

约克的经历告诉了我们这样一个道理：陌生人也会给我们带来无穷的机会。当我们有困难的时候，不要害怕向陌生人求助，也许他就是潜在的贵人。

3. 用"兴趣点"打动难缠的人

不能不明白的道理：

两个人相约去拜访美神维纳斯，请她赐给他们美丽的妻子。第一个人先走进宫殿，向坐在宝座上的维纳斯赞美说："伟大的女神，您那高贵的出身，您那举世无双的智慧……"还没等他说完，美神就不耐烦地把他赶出宫殿。第二个人走了进去，他惊异地看着维纳斯说："太美了！我用尽所有的语言也无法形容您的美丽，您那鲜花般的嘴唇，您那……"维纳斯热情地接待了这个人，并大方地赐给他一个漂亮的女人。

情感引导行动。贵人并不一定是一开始就对你表现出和蔼、亲切的那个人，他们可能对你很冷漠，甚至故意刁难你。但只要你用对了方法，他们就可能成为帮助你的贵人。

波非特奉命去拜访公司的大客户坎里南先生，他感到忐忑不安，因为坎里南先生一向以脾气暴躁、待人刻薄闻名，如果不是负责这单生意的尼克突然辞职，他是怎样也不愿意走进坎里南先生的办公室的。

刚走到办公室门口，秘书就叮嘱波非特，只能和坎里南先生谈十五分钟，因为"坎里南先生非常忙"！

他被引进总裁办公室时，看见坎里南先生正把头埋在桌上堆积的文件之中。听见有人走进来，他抬起头朝来者方向粗声粗气地说道："早安！先生，又有什么事情吗？我真厌烦透了，你们总是在给我找麻烦！"

第九章
你不能不明白：贵人不一定是好人

这种情况下，波非特并不想和他正面交锋，他决定说点别的，即使浪费了这十五分钟也没关系。于是波非特没有理会对方的无礼，他简短地介绍完自己后，又说道："坎里南先生，当我在外面等着见您的时候，我很羡慕您的办公室，假如我有这样的办公室，我一定很高兴地在这里面工作，您知道我从来不曾见过这么漂亮的办公室！"

坎里南先生的脸色一下子柔和了很多，他答道："你使我想起一件几乎忘记了的事。这房子很漂亮是不是？当初才盖好的时候我极喜欢它，但是现在，有许多事忙得我甚至几个星期坐在这里也无暇看它一眼。"

波非特走过去用手摸壁板，说道："这是英国橡木做的，不对吗？和意大利橡木稍有不同。"

坎里南先生答道："对了，那是从英国运来的橡木。我的一个朋友懂得木料的好坏，他为我挑选的。"随后坎里南先生领着波非特参观了他自己当初帮助设计的房间配置、油漆颜色、雕刻工艺等。

当他们在室内夸奖木工时，时间已经过去了半小时，可坎里南先生还在拉着波非特到处参观。这个刻薄的老人似乎一下子就变得和蔼可亲起来，最后他说："好了，年轻人，是这样的，有时候你们的服务真的让我无法满意，我甚至曾几次想过撤单，不过你也看得出来我并不是那么不通情达理的人，也许我应该再给你们一个机会。"波非特简直喜出望外，那可是每年几百万美元的大买卖呀！而自己甚至还没有提起续约的事。

每一个人都有某个方面的兴趣，只要你能抓住对方的"兴趣点"就可以和对方建立良好关系。坎里南先生是个喜欢刁难别人的人，波非特在还没走进他的办公室前，就认定事情一定不会办的太顺利，然而奇妙的是因为他抓住了对方的兴趣点，两人居然沟通得很顺利，更让人惊喜的是坎里南先生居然主动提出续约，因此这个难缠的客户就变成了波非特的贵人。

　　事情还没完。一段时间后，波非特已经和坎里南先生成了好朋友，两人常在一起谈生活中、工作中、商业中发生的事。有一次坎里南先生建议波非特自己开个公司，并表示愿意提供资金和适当的帮助，这真是求之不得的好事，波非特很快就有了一间属于自己的公司，而且在坎里南先生的帮助下，发展的很不错。

　　有人认为"遇贵人"完全要靠机遇、靠命运，其实这种想法并不对。贵人是要靠自己培养、发掘的。有的人很难缠，对你不友好，可如果你用对了方法，很可能就会把他变成你的贵人。

　　找个贵人帮助你，会获得很多好处，但你首先应该知道如何培养你的贵人，别因为对方难缠就轻易放弃，那样你就会错失一个绝好的机会。

4. 贵人可能是故意折磨你的人

不能不明白的道理：

　　绵羊非常讨厌牧羊犬："烦死了！每天朝我们大叫大嚷，追我们，吓我们，什么时候没有牧羊犬就好了！"一天两只饥饿的狼发现了这群绵羊，它们贪婪地冲了过来，绵羊吓得四散逃跑，这时几只牧羊犬冲了出来，勇敢地跟恶狼搏斗，终于把它们赶跑了。从此以后，绵羊再也没抱怨过牧羊犬，因为它们明白了，牧羊犬是他们的守护者。

　　生活中的很多事情你不能简单地去理解，比如有的人可能对你很刻薄，但他不一定是在害你；有的人故意刁难你，可也许是为了锻炼你的

第九章

你不能不明白：贵人不一定是好人

意志，贵人不一定是你印象中的好人，他也可能是那些故意刁难你的人。

安森是一名采购员，他服务于当地著名的蒙特尔公司。安森觉得公司的待遇、工作条件都不错，但却非常讨厌他的主管。那个严厉的主管每天都要找他的麻烦："安森，你不能这样做！""安森，看看你都干了些什么？"……安森相信主管一定非常讨厌自己，每时每刻都在找他的差错，想把他踢出公司，因此安森工作起来格外细心，但有一次他却犯了一个大错。有一条对零售采购商至关重要的规则是不可以超支你所开账户上的存款数额。如果你的账户上不再有钱，你就不能购进新的商品，直到你重新把账户填满——而这通常要等到下一次采购季节。

那次正常的采购完毕之后，一位日本商贩向安森展示了一款极其漂亮的新款手提包。可这时安森的账户已经告急。他知道他应该在早些时候就备下一笔应急款，好抓住这种叫人始料未及的机会。此时他知道自己只有两种选择：要么放弃这笔交易，而这笔交易对蒙特尔公司来说肯定会有利可图；要么向公司主管承认自己所犯的错误，并请求追加拨款。正当安森坐在办公室里苦思冥想时，公司主管碰巧顺路来访。安森当即对他说："我遇到麻烦了，我犯了个大错。"他接着解释了所发生的一切。

主管沉默了一会儿，安森想：这次他一定会抓住这件事大闹一场的，他忐忑不安地等着主管的回答。出乎意料之外的是，他的主管没有朝他发火，没有责骂他，而是很快设法给安森拨来所需款项。结果提包一上市，卖得十分火爆，安森也因此受到了经理的表扬。安森主动约他的主管一起吃饭，因为他想知道主管为什么要帮他。当他提出疑问时，主管笑了，说："从你刚进公司起，我就觉得你是一个很有前途的年轻人，我希望你能做的更出色一些，所以一再严格要求你，事实证明我很有眼光，年轻人，这就是我愿意帮你的原因。"

安森这才明白主管的良苦用心，从此他更加努力地工作，而主管也从不吝于指导他、帮助他，安森到了30岁时，已经成为纽约州著名的货物经纪人。

有的人处处跟你为难，找你的茬，责骂你……但未必是跟你过不去。就像这个故事中的主管一样，平时总是对安森挑刺，但关键时刻却乐于帮你的忙，所以贵人不一定是对你和颜悦色的人。

张东和吴明是高中同学，当张东考上北京的一所大学时，吴明却落榜了。三年后的一天，吴明打电话约张东吃饭，此时的吴明也是北京某名牌大学的一员了。

"祝贺你！"张东高兴地说。

"是该祝贺。你知道吗？两年前我一直认为自己完了，没什么出息了，可父母对我抱有很大希望，我被迫去复读。你知道'被迫'是一种什么滋味吗？在复读班，我的成绩是倒数第五……"

"可你现在……"张东迷惑了，不知道何以吴明在短短的时间内能将自己的命运完全扭转。

吴明告诉张东，有一次教物理的张老师让他在课堂上回答问题，当时他正读一本武侠小说。张老师很生气，说："吴明，你真是没出息，你不仅糟蹋爹娘的钱还耗费自己的青春。如果你能考上大学，全世界就没有文盲了。"

听了张老师的话，吴明当时仿佛要炸开了，他跳离座位，跑到讲台上指着老师说："你不要瞧不起人，我此生必定要上大学。"说完，他把那本武侠小说撕得粉碎。从那以后，吴明开始认真学习，完全变了个人似的，第一年高考他分数差了100多分，可第二年他差17分，等到第三年高考，吴明竟超了分数线80多分……

在遇到吴明三年后的一天，张东回到他高中的母校，班主任告诉

第九章
你不能不明白：贵人不一定是好人

他：教物理的张老师得了骨癌。张东去看他，张老师很高兴，其间，张东忍不住提起了吴明的事……

张老师突然老泪横流。

张老师言语哽咽着说："对有的学生，一般的鼓励是没有用的，关键是要用锋利的刀子去做他们心灵的手术——你相信吗？很多时候，别人对我们表露出绝望时，也能使我们激发出心底最坚强的力量。"

两个月后，张老师离开了人世。

又过了4年，张东出差至京，意外地在大街上遇到吴明，读博士的他正携了女友悠闲地购物。张东给吴明讲了张老师的那席话，在熙熙攘攘的人群中，吴明突然泪流满面……

面对自暴自弃、不思上进的吴明，张老师一反常规的教育方式，他表面上流露出的非常残酷的歧视，实际上却饱含着对学生浓浓的爱意。他知道只有这种方法才能让吴明振作起来，因此甘当"黑脸"。所以不要去恨那些故意为难你的人，也许他们才是你生命中真正的贵人。

有人严厉教训你时不要生气，有人责骂你时，不要愤怒，因为对方可能是为了催你奋进，判断贵人的标准不是慈眉善目，而是在最关键的时刻能否有力地拉你一把。

5. 有的"贵人"也会对你别有企图

不能不明白的道理：

一个农民丢了一只鸡，到处找都找不到，这时一只狐狸出现了，它说自己在山脚下拣到鸡并把它送回来。农民很感激狐狸，就把它留在家里，请它看鸡。一段时间后，农民发现鸡越来越少了，最后才发现是狐狸偷吃了它们，他气愤地指责狐狸，狐狸却狡猾地说："谁让你不看清人了？"

有人主动要帮助你时，也许是因为他对你别有企图，不要轻易相信他的话，考虑清楚后再决定是否要接受他的帮助。能够看清"贵人"真面目的是普通人；能够看清他的用意，但却能把他转化成你的"真贵人"的是聪明人。

有一位来自布宜诺斯艾利斯的美丽姑娘，到纽约后无法谋生，想在曼哈顿跳海自杀。一个过路的水手拦住了她："你怎么想到干这种可怕的事？"她用蹩脚的英语呜咽着说："我在纽约好几个月了，没有工作，没有钱。我想回家。我妈妈、爸爸在布宜诺斯艾利斯。"

水手听后想了一会儿，对她说："听着，姑娘。我那艘船今晚启航开往威尔明顿，然后去迈阿密、巴拿马，六个星期后我们就能到达布宜诺斯艾利斯了。我可以把你藏在船上的救生艇里。"

这真是福从天降。当天晚上，水手把她偷偷带上了船，安置在一只救生艇里，上面盖着防水帆布。几小时后，船启航了。

每天，这船从一个港口缓慢地开往另一个港口。晚上，水手给姑娘送去食物和饮料。姑娘对恩人充满感激之情，他们之间的关系也一天天地微妙起来。

真是一场救生艇上的罗曼史，但事情并没有完。

一天清晨，船长发现一只救生艇的防水帆布松了，就动手要扎紧，这下发现了瑟瑟发抖的偷渡者。

"你是什么人？"姑娘吓坏了，只得把自己的冒险经历告诉了船长。

船长皱起了眉头："老天爷！那无赖叫什么名字？"

第九章

你不能不明白：贵人不一定是好人

"他不是无赖！他仁慈，他好，他……"。

"你呀！"船长怒气冲冲地喊道："这只是一条摆渡船！"

故事中的姑娘很不幸，她把一个骗子当成了"贵人"，这很大程度上也要怪她自己不加判断就轻信了别人，不要以为以一副悲天悯人的面孔来帮助你的就是你的贵人，你应该保持清醒的头脑，看清楚他的真实用意。

我们再来看看另一个姑娘的故事：关雪是一个从农村出来的女孩子，18岁就孤身来到上海打工。她的最大希望是多攒一点钱，然后读夜大，将来再出国留学。上海有成千上万的打工妹，好多人都做着和关雪一样的梦，然而要实现谈何容易。2002年春，20岁的关雪经过自己的辛勤努力，终于进入了一家房地产公司，成为了一名售楼小姐。公司规定她每天要穿戴得一丝不苟地带领腰缠万贯的客户前往一幢幢豪华住宅，从地理位置、环境设施、庭宅院落一直介绍到卫生间的最后一个角落，无论客户有多少挑剔多少质疑，她都必须和颜悦色，哪怕客户最后说声"不"，她也要面带微笑道别："谢谢，浪费您宝贵的时间了！"繁重的工作，让她根本没有多余的时间学习，她几乎要对自己的梦想绝望了。

有一天，来了一位Z老板，他是某投资公司的总裁，有意购买一栋豪华别墅，关雪详细地给他介绍了别墅的情况，但Z老板总是心不在焉地听着，还总是跟关雪闲聊，似乎对关雪比别墅更有兴趣。过了几天，Z老板再次光临，他指定关雪做介绍，并让关雪陪他去看房，最后大手笔地买下了别墅。回来的路上，他认真地对关雪说："小姐，没看到我们公司招聘秘书的广告吗？到我们公司来吧，我会成就你，让你有所作为的！"关雪简直受宠若惊，她不敢相信自己居然有这样好的运气。一个星期后，关雪"应聘"来到了这个让她充满幻想的秘书岗位。她当时还很得意，这家公司在整个东南亚具有很高的知名度，是同行业中的佼佼者，高水平的决策层、员工恪尽职守的敬业精神以及由此产生的高效益堪称商业典范。她暗自庆幸，终于找到了自己的最佳的起点。

　　过了不久，Z老板找了一个合适的机会约关雪共进晚餐，吃饭的时候他送给关雪一个礼品盒，当她打开礼品盒时，关雪惊呆了。那是她亲自推销的那栋别墅的钥匙和一本印着她名字的房契，看着Z老板别有深意的眼睛，她终于知道对方想怎样"造就"她了！

　　关雪会怎样做呢，大骂对方一顿，然后转身就走，还是留下来享受这一切？都没有。关雪冷静下来，向Z老板讲述了自己的经历：因家境窘迫而辍学的痛苦，外出打工的辛劳和不易，梦想难成的失落……讲到动情处，关雪忍不住落下泪来。Z老板默默无语地听着，最后他站了起来，自嘲地笑着说："其实我也是农村出来的孩子，不知为什么，你的话让我想起了好多事，你——唉！这样吧，如果你还相信我，明天就继续来上班，现在你有充裕的时间可以去夜校读书！这件事就当没发生过吧！"关雪继续她的秘书工作，她在夜校的成绩也很不错，一年半后，公司有一个去美国培训的机会，Z老板推荐了关雪，现在关雪已经是该公司的海外部经理了。

　　不是每个贵人都会毫无所图地帮你，但你不能因为对方别有用意就轻易将之定性为"坏人"。你应该学会保护自己不被对方伤害，同时还要让他继续充当你的贵人、继续帮你。就像故事中的关雪所做的那样。当关雪弄清楚Z老板帮她的目的后，并没有冲动行事，跟对方把关系弄僵，而是动之以情，以自己的辛酸经历打动了Z老板。结果Z老板完全放下了对关雪的企图，心甘情愿地成为了她的贵人。

第九章
你不能不明白：贵人不一定是好人

6. 名人也能成为你的贵人

不能不明白的道理：

一只鸭子想进农场的池塘里捕鱼，可是女仆总守在门口不让进，怎么办呢？正在这时一群衣着时髦的男女向农场走去，鸭子连忙跟在他们身后，尽管女仆看到了它，但却没有敢动手撵它！

在人们印象中，贵人一般是指亲戚、朋友、领导一类的人，但事实上并不完全是这样，贵人也可能是那些挨点边儿，甚至一点都挨不上边儿的人，他们也许并没有帮你的意愿，但只要你能善加利用，他们也会成为你的贵人。

清政府的官场中常靠后台，走后门，求人写推荐信来谋取职位。军机大臣左宗棠从来不给人写推荐信，他说："一个人只要有本事，自会有人用他。"左宗棠有个知己好友的儿子，名叫黄兰阶，在福建候补知县多年也没候到实缺。他见别人都有大官写推荐信，想到父亲生前与左宗棠很要好，就跑到北京来找左宗棠。左宗棠见了故人之子，十分客气，但当黄兰阶一提出想让他写推荐信给福建总督时，顿时就变了脸，几句话就将黄兰阶打发走了。

黄兰阶又气又恨，离开左相府，就闲踱到琉璃厂看书画散心。忽然，他见到一个小店老板学写左宗棠字体，十分逼真，心中一动，想出一条妙计。他让店主写柄扇子，落了款，得意洋洋地回到了福州。

这天，是参见总督的日子，黄兰阶手摇纸扇，径直走到总督堂上，总督见了很奇怪，问："外面很热吗？都立秋了，老兄还拿扇子摇个不停。"

　　黄兰阶把扇子一晃："不瞒大帅说，外边天气并不太热，只是我这柄扇是我此次进京，左宗棠大人亲送的，所以舍不得放手。"

　　总督吃了一惊，心想：我以为这姓黄的没有后台，所以候补几年也没任命他实缺，不想他却有这么个大后台。左宗棠天天跟皇上见面，他若恨我，只消在皇上面前说个一句半句，我可就吃不住了。总督要过黄兰阶的扇子仔细察看，确系左宗棠笔迹，一点不差。他将扇子还与黄兰阶，闷闷不乐地回到后堂，找到师爷商议此事，第二天就给黄兰阶挂牌任了知县。

　　黄兰阶不几年就升到四品道台。总督一次进京，见了左宗棠，讨好地说："宗棠大人故友之子黄兰阶，如今在敝省当了道台了。"

　　左宗棠笑道："是嘛！那次他来找我，我就对他说：'只要有本事，自有识货人。'老兄就很识人才嘛！"

　　黄兰阶能够官拜道台，就是因为有了左宗棠这个贵人。但仔细想一下左宗棠其实什么也没有为黄兰阶做，他甚至拒绝替黄兰阶写封推荐信，连知己好友的儿子都不照顾，在黄兰阶眼里，左宗棠绝对称不上贵人，但他却换种方式攀住了这个靠山，利用名人效应把他变成了自己的贵人。

　　现在很多商业广告也都喜欢借名人的力来宣传，美国一家公司所生产的天然花粉食品"保灵蜜"销路不畅，经理绞尽脑汁，如何才能激起消费者对"保灵蜜"的需求热情呢？如何使消费者相信"保灵蜜"对身体大有益处呢？

　　正当一筹莫展的情况下，该公司负责公共关系的一位工作人员带来喜讯：美国总统里根长期吃此食品。原来，这位公关小姐非常善于结交社会名人，常常从一些名流那里得到一些非常有价值的信息。这一次她从里根总统女儿那里听到了对本企业十分有利的谈话。据里根的女儿

第九章
你不能不明白：贵人不一定是好人

说："20多年来，我们家冰箱里的花粉从未间断过，父亲喜欢在每天下午4时吃一次天然花粉食品，长期如此。"后来，该公司公关部的另一位工作人员，又从里根总统的助理那里得来信息，里根总统在健身保养方面有自己的秘诀，那就是：吃花粉，多运动，睡眠足。

这家公司在得到上述信息后，马上发动了一个全方位的宣传攻势，让全美国都知道，美国历史上年纪最大的总统之所以体格健壮，精力充沛，是因为常服天然花粉的结果。很快"保灵蜜"风行美国市场。

名人的光总是特别亮，一旦拉上名人，借到他的光，你也就会亮起来。里根总统并没有现身为花粉公司做广告，他也没有公开称赞花粉的保养效果有多么好，花粉公司就利用里根喜欢吃花粉这件事来做宣传，结果很容易就打开了销路。可见，拉名人做贵人，确实可以起到事半功倍的效果。

我们应该学着为自己寻求一些名人做贵人，从而使自己尽快得到提拔，英雄有用武之地，或是使自己成功之路更顺畅，这也是一种提高自身形象、扩大自己影响的策略和技巧。

7. 找贵人别看走了眼

不能不明白的道理：

鸭子家族饱受河里的一条鳄鱼的侵扰，不到一天它们就失去了七个成员，它们决定找帮手来对付鳄鱼。家猫听说了这件事，就主动表示愿意帮忙："看我锋利的爪子，喵呜——"猫说道，"看我灵活的身手！"猫一下子就窜到了树上，"放心吧！我要把鳄鱼撕成碎片，让你们安枕无忧！"鸭子家族高兴极了，它们设法捉来了很多鱼送给猫，就等它吃饱后一展雄风。鸭子刚进入河里，鳄鱼就扑了上来，"救命！"它们冲猫大叫，可是猫缩在岸边颤抖地说："我……我……我不会游泳！"

有人愿意热心帮助你，但却不一定能成为你的贵人，因为他不一定真有那个能力帮助你。所以选贵人也要有点眼力，否则不但事情办不好，还可能被贵人拖累。

某高校有一个系主任，待人一向很随和。又快到一年一度评职称的时候，许多青年教师都去求他向校方推荐自己，他非常热情地一一答应，并向他们许愿说要让他们中三分之二的人评上中级职称。系里的青年教师都非常高兴，他们认为自己碰上了一个好领导。最后职称评定情况公布了，只有三名青年教师评上了中级职称，众人大失所望，把这个系主任骂的一钱不值，甚至有人当面指着他问："主任，我的中级职称呢？你答应的呀！"其实这个系主任也挺委屈的，因为他确实向学校申报了很多人，可学校没有给他那么多名额，为了这件事他跑得腿都酸了，说得口也干了，最后在系里面却得了个信誉扫地的下场。

这个系主任并不是存心唬人，他确实想帮青年教师这个忙，无奈能力不够没能成功。那些青年教师自己也应该承担一部分责任，他们本应想清楚系主任是否有能力帮这么多人评上中级职称，不加判断，就相信了对方的承诺，这些人也应当好好检讨一下自己。

这群青年人虽然找错了贵人，没评上职称，但对他们的影响毕竟还不算太大，但刘韬就没那么幸运了，因为找错了贵人，差点没赔了个倾家荡产。

刘韬本是某水产单位的职员，20世纪90年代他开始下海经商，折腾了几年后，终于赚了点钱，于是就另起炉灶，自己开了间公司。没想到公司刚刚开始起动，就遇上了亚洲经济危机，底子薄、基础弱，加之

第九章

你不能不明白：贵人不一定是好人

市场萧条，这可如何是好？正当刘韬一筹莫展之际，他的一个老同学带着一部可以拍30集的电视剧的脚本上门找刘韬，欲意合作，共同开拓市场。

刘韬读完脚本，欣喜若狂。觉得这对自己来说不失为挣钱的一个机遇。但又苦于合作的起动资金不足，怎么办？他想起了老家一个叫那伟的老朋友。

那伟要比刘韬早下海几年，估计这几年应该赚了不少钱，刘韬想起他是因为此前他曾不止一次地告诉刘韬，如果要投资搞什么项目资金不够就尽管找他。刘韬始终没有找他的原因就是也抱定了"交友千日，用友一时"的观念。现在刘韬终于到该"用友一时"的时候了，于是他立马买了机票，第二天就带着这部电视剧脚本飞回老家去找朋友求援。

那天刘韬和那伟在一家豪华的洗浴中心呆到了天亮。那伟看了脚本也赞不绝口，在刘韬的要求下，那伟同意斥资100万元支持他。而且那伟还拒绝分利润或是拿利息。

他说："我说支持你，就是无息贷款的意思。朋友嘛，我和你计较这干啥？况且，我又没有参与项目的运作，也不该占有这份回报。你只要还钱时请我吃一顿就行了。"

真是遇贵人了，刘韬又马不停蹄地折回北京，高高兴兴地和提供脚本的这位老同学签了合同。后面就等着按那伟的承诺，五天内从大连的账上往刘韬公司账户划款了。

五天过去了，又五天过去了。钱没有到。

刘韬有点沉不住气了，这个"贵人"不会在关键时刻"掉链子"吧！他开始给那伟打电话，那伟回答他说："急什么？我这儿好多事忙着呢！一会儿日本，一会儿新加坡的，过两天就给你汇！"就这样一天过一天，直至一个月后，老同学正式告诉刘韬，他已经违约了，按规定，刘韬应该支付给他 19 万的违约金。无奈之下，刘韬只好从公司中抽出钱来交给老同学，让他把项目撤走，这样一来刘韬的公司连运转资金都没有了。咽不下这口气的刘韬奔回老家找那伟算账，结果对方告诉他："我一直在帮你筹钱啊！可是这几年我虽然赚了不少，但开销也挺大，再说生意场上你欠我，我欠你，有的钱我收都收不回……"刘韬实在不知道该说什么好了，他觉得唯一该怪的就是自己，谁让自己找了这么一个"贵人"呢！"贵人"虽然可以称得上是一个人一生中最有用的关系了，有贵人相助，做起事来就会顺风顺水，事业就会飞黄腾达，但要注意的是别看花了眼，选错了人，否则就会像刘韬那样空欢喜一场，还落个"赔了夫人又折兵"的下场。当我们遇到困难时，最渴望的就是有个贵人出手相救，不过当有人向你伸出手时，你也应该看清楚对方是否有能力把你拉起来，故事中的刘韬如果能先考察一下对方的财务状况，也就不会轻易相信这个"贵人"了，自然也就可以避免那笔不必要的损失，所以不是什么人都能成为你的贵人，你应该看清楚了再做打算。

能够遇到贵人，的确是一件很幸运的事：你的人生路就会顺畅很多，就会更容易攀上事业的高峰。当然，前提是你选择了一个确实能帮上你忙的贵人。

第十章

你不能不明白：这个人是不是你的最爱

> 人们总是容易因爱伤风，为情感冒，昨天还在发誓"执子之手，与子偕老"，今天就已经"恩情中道绝"了。还有很多人，结了婚以后，才发现对方并不适合自己，结果，一场婚姻毁了两个人……其实你早该知道这个人是不是你的最爱。爱情是需要你精心呵护的，不要把它当作一件理所当然的事情。在爱情的路上，我们可能会遇到风雨，历经坎坷，但只要两人能够相互宽容，相互扶持，我们就一定能到达幸福的彼岸。

1. 爱她，就要让她知道

不能不明白的道理：

　　爱是火热的友情，沉静的了解，相互信任，共同享受和彼此原谅。爱是不受时间、空间、条件、环境影响的忠实。爱是人们之间取长补短和承认对方的弱点。

　　　　　　　　　　——［美国］安恩·拉德斯

　　中国人向来是含蓄而内敛的，对越是亲近的人，就越难以表达出自己的感情，总以为对方会知道自己的心意，结果常常因此失去了自己的最爱。

　　孙琳和赵欣结婚两年多了，他们都是朝九晚五的上班族，吃饭、出门、吃饭、睡觉，两人每天都重复着这个过程，日子过得很平稳，平稳得让人烦躁。孙琳越来越觉得婚姻像一杯淡而无味的白开水，没有刺激，没有激情，其实赵欣对她还是不错的：尽可能地抽时间帮她做家务，凡事都让着她……而且赵欣对她也很忠实，从没发现他有任何不轨的行为。但这看似完美的婚姻生活却不是孙琳想要的，她渐渐对赵欣失望了。每当看到年轻夫妻牵着手在马路上散步，看到情侣嬉笑打闹，她的眼圈就会红起来，她也曾几次追问赵欣爱不爱她，赵欣每次都是含糊其辞，问烦了就说："你烦不烦呀！婚都结了，还问这个干嘛！"孙琳想：他一定已经不爱我了，他一定嫌我了！这样两个人在一起还有什么意义？不如散了吧！于是某天下班后，她把一份离婚协议书放在了茶几

第十章
你不能不明白：这个人是不是你的最爱

上，自己则回了娘家。赵欣惊呆了，因为他从来不觉得两人之间存在什么大不了的问题，为了一句"爱不爱"的话就要离婚，至于吗？

赵欣的想法代表了很多已婚男人的想法，他们觉得婚姻生活就是过日子，平平实实，不打不闹，婚姻就算是幸福的了。但是他们忽略了妻子的想法，女人通常都是渴望浪漫的，有了爱情她们才会觉得幸福，她们是"宁愿坐在自行车后座上笑，也不愿坐在奔驰座上哭"的一群。因为不理解女人的这种婚姻观，很多男士都像赵欣一样觉得自己的妻子总在无理取闹，他们不知道，让妻子柔顺下来的秘诀很简单：每天对她轻轻地说一遍"我爱你"！

爱情不是传说，是生活，需要两个人用心去体验、去感觉，才能酿造出美丽的幸福。

大余和小童原本感情很好，但小童生完孩子之后，他们便开始了分床而居的生活。白天工作已经很辛苦了，晚上还要应付小孩子，渐渐地他们两个人之间的话越来越少。"我有个郑重的要求。"小童首先意识到了他们之间潜伏着的危机，一天，她突然对大余说。"你有什么要求？这么郑重其事的样子。"大余漫不经心地问。"每天抱我1分钟，好吗？"大余看了小童一眼，笑着说："都老夫老妻的了，有这个必要吗？""我提出了这个要求，就说明十分有必要。你发出了这样的疑问，就证明更有必要。"小童坚持着说。

"情在心里，何必表达。"大余回答道。"当初你要是不表达，我们就不可能结婚。"小童有点不满地说道。"当初是当初，现在不是更深沉了吗？"大余解释说。"不表达未必就是深沉，表达了未必就是矫饰。"小童仍然坚持。两人终于你一句我一句地吵了起来，最后，为了能早点平息这场战争，大余妥协了。

他走到床边，抱了妻子1分钟，笑道："你这个虚荣的家伙！""每个女人都会对爱情虚荣。"她说。此后每一天，他都会抽个时间抱她一会儿，有时是1分钟，有时是10分钟，有时甚至是1个或几个小时。渐渐地，两人的关系充满了一种新的和谐。在每天拥抱的时候，虽然两人常常什么话也不说，但是这种沉默与以前未拥抱时的沉默在情感上却有着天壤之别。终于有一天，小童要去上海出差。临上火车前，她对大余说："你现在终于暂时获得解放了。""我会想抱你的。"大余笑道。果然，她到上海的第二天就接到了大余的电话，异常温柔地说："我想念那1分钟的拥抱了。"顿时，她的眼睛里渗出了幸福的泪水。的确，对于相爱的男女来说，在激情飞跃的碰撞之后，婚姻就会平淡得如同一杯白水。人们常常以"平平淡淡才是真"为借口，逃避对长久拥有的那份感情的麻木和粗糙，却不明白，如果我们用心去经营、用心去表达，那在我们掌心和胸口的爱情怎么会变得越来越冷呢？

  其实很多时候爱情一直存在于我们的身边，只是生活的平淡让我们渐渐遗忘了它的存在。爱得久了、倦怠了，以为生活中只有单调和乏味，但其实只要把你的爱大声说出来，你的生活就会重新恢复生机。

  婚姻是一首乐曲，有的人把它演奏得优美动听、感人肺腑；但也有人把它演奏得枯燥无味、刺耳难听。婚姻是一幅画，有的人把它描绘得色彩斑斓、风光无限；但也有人把它画得毫无生机、死气沉沉。其实婚姻是可以自己掌握的，关键在于你怎么去理解它、把握它。

2. 选择了幸福，也选择了责任

不能不明白的道理：

  一株菟丝花和一棵松树相爱了，它们说好了要互相照顾彼此，一辈子不弃不离，它们互相依偎着，紧紧缠绕着，恩恩爱爱，美煞旁人。然

第十章
你不能不明白：这个人是不是你的最爱

而有一天，松树粗声粗气地对菟丝花说："你可不可以不要缠得那么紧，我又要给你挡风遮雨、又要承受你的压力，很累人的！"菟丝花哭了起来，"你就是没良心，我为你努力盘住脚下的这一点土壤，你把养分都吸光了，害得我面黄肌瘦，你还敢抱怨我！"它们大吵了一架，从爱人变成了冤家。

在婚姻中，每个人都要做出一点牺牲，每个人都得承担一定的责任，如果夫妻双方或夫妻一方只想得到不愿付出，不肯承担责任，那么他们的婚姻就必定不会幸福。

秦与妻子结婚六年了，他渐渐地对婚姻产生了厌倦，主子式的妻子、烦琐的家庭生活……他觉得自己分明是跳进了一个冰冷的陷阱。其实当初是妻子主动追求秦，秦大学毕业后，分配到一个工厂当技术员，而妻子那时是一家医院的护士。有一次秦得了急性阑尾炎，住院期间一直是她照顾他。秦生性内向，不喜欢交际，她说："你这人尽管少了一点情调，但挺可靠的，过日子图的就是一个实在。"听了她的话，秦一阵激动："这辈子给你当牛做马我也心甘情愿"。说这话后不久，他们结婚了。

婚后的一段时光，和睦得至今都令秦怀念与回味。然而，流逝的时间，在一点点吞噬他们的温情。

有了儿子以后，生活不像原来那样浪漫。渐渐地，妻子身上的女性的柔情就开始减退，她厌烦所有的家务事，并在行动上加以拒绝。秦只好独自承担家里的一切。一次，秦发烧躺在床上，妻子下班回来后，秦让她去幼儿园接儿子。她却说："你以为你病了就了不起了，我才下班，累得骨头都要散架了，还是你去吧。"秦回了她一句，说她太没有人情味，妻子便闹起来，拿秦婚前的话来堵他："你不是说心甘情愿给我当牛做马吗？是不是把我骗到手后就反悔了？"秦怕吵架影响不好，只好一声不吭。见秦沉默，妻子以为是秦理亏，闹得更有劲。

渐渐地，妻子又看秦这也不顺眼那也不顺心，说她这位同学的老公如何会赚钱，说她那位同事的丈夫怎样有能耐，就秦像一根木头似的，没个活心眼。秦见妻子在儿子面前鄙视他，背地里对她说："你对我有意见就直接跟我说，不要当着儿子面前讲，免得对儿子有影响。"她竟话里带刺说："你还挺有自尊的嘛，要让儿子敬佩你，你就干几件像样的事情来不就得了，言教不如身教嘛。"

因为买房子，他们欠了债，秦不得不加盟到一位朋友办的电脑公司。教学、科研、兼职，还有一摊子家务事，觉得很累很疲惫。

让我们再听听妻子的想法。她说秦其实是一个很没责任感的男人，对家庭漠不关心。他似乎还认为女人做家务是天经地义的事，从来不想帮忙。没有儿子之前还好，自己还能应付得过来，可现在自己得哄孩子，再说医院的事儿还有一大堆等她处理，她是个女人不是超人，秦凭什么认为这都是她的分内事？另外秦还不懂得为家庭做长远考虑，儿子一天天长大了，花钱的地方也越来越多了，房子是贷款买的，秦却还守着自己的"死工资"，不想办法多挣点钱，她觉得嫁给秦真是一个错误的选择。

真是"公说公有理，婆说婆有理"，在这个婚姻里，其实他们都犯了一个错误：婚姻是两个人的事，而他们却只要求对方承担维护家庭幸福的责任。一对男女宣誓成为法定夫妻后，就要懂得婚姻中存在着第三方而绝非只有两方。第一方是男方，第二方是女方，第三方是婚姻，即"我们"。不少问题都要从"我们"的角度去考虑，这样的婚姻才能美满幸福。

有这样一对夫妻，丈夫是一位大学讲师，妻子则在证券公司工作。妻子觉得自己所学的知识太少，于是决定辞职继续考研，丈夫非常支持

第十章
你不能不明白：这个人是不是你的最爱

妻子的决定，为了让妻子安心学习，丈夫主动提出把两人的生子计划再推后两年，并承担了所有的家务活，无微不至地照顾妻子，看到他一下班就汗流满面地直奔菜市场，邻居忍不住问他是否觉得自己太吃亏了？他愣了一下，认真地想了一想说："没什么吃亏的呀！我们是夫妻当然要互相照顾，如果整天计较谁付出的多，那日子也就不用过了。再说我刚上班那会儿，整天忙学校的事，家里的大事小事都是她操心，她也从来没有抱怨过一声啊！"

一个家庭如果想美满幸福，那就要靠夫妻双方的共同努力，不要总跟对方比谁牺牲的多，不要推诿也不要失责，对于家务活一类的琐事，如果你有时间就不妨多做一点，爱人会把你所做的看在眼里。

现在有很多的小夫妻对家庭缺乏责任感：你不爱做家务我也不做，丈夫半夜回家，妻子一斗气干脆就彻夜不归……闹到最后女的哭泣，男的叹气，然后在一起哀叹"婚姻是爱情的坟墓"！其实如果两个人都能积极承担对家庭的责任，那又怎么会走到这个地步。

婚姻是件浪漫的事，一对相信天荒地老的男女，用爱组成了一个家庭，并准备一起面对生活中的风雨坎坷；婚姻是件最不浪漫的事情，王子和公主走进"城堡"后，就将脱下华服，为一日三餐、柴米油盐而奔波忙碌，婚姻就是琐碎中的幸福。

3. 别让枯燥的生活淹没了爱情

不能不明白的道理：

一对男女向上帝哭诉自己的婚姻太枯燥："上帝啊！您允诺给我们的甜蜜、幸福在哪里啊？我们的生活除了柴米油盐，就是洗洗涮涮，日复一日的平淡无味！这就是婚姻吗？如果爱一个人就是这样的，那我们情愿不爱！""无知的人类啊！"上帝叹息了，"婚姻是要靠自己经营的，爱一个人时，你自然就会想办法让对方更快乐、幸福。这一点只有你们自己能做到！"

人们常会发现恋爱中培养出的感情，很快就会被实在的生活消磨得面目全非，这是因为恋爱与现实生活的具体、琐碎是没法联系到一起的。而婚姻则相反，它很少和浪漫联系在一起，倒是和穿衣、吃饭、睡觉等如影随形。如果我们不学会从生活中寻找情趣，那爱情就真的很难天长地久。

你成家了，早晨起来，得准备两个人的早餐。如果有了孩子，你还得照料孩子的吃穿。然后送孩子上幼儿园或打发他去上学。你还得惦记着晚餐吃什么。家里时常会缺这缺那，你得去张罗。需要用钱时，碰到手头拮据，你得四方筹措。居家过日子，油盐酱醋、吃穿住行，缺什么可都是不行的。有时候，这些事真是令人很烦恼的，甚至使你心灰意懒，无精打采。此时，你恐怕难得有兴致去谈感情问题吧！

但是现在有的人在刚结婚时，对婚姻生活有一种新鲜感，对过家庭生活很有热情，俗语说就是很有"心气儿"。但日子久了，新鲜感便消逝了，总觉得今天像是昨天的翻版，明日仍是今日的写照。人一旦找不到生活的鲜活感，就会变得机械，甚至麻木。常常见诸报纸杂志的关于家庭生活的讨论，经常有这样的题目，比如"生活的激情哪里去了"、"机械程式的日子使人麻木"等。在这种心态下，本来平淡的日子就会过得更没意思，过得提不起精神来。实际上，生活虽然平淡，但仍然是能够在平淡中过出情趣的，这主要看我们对生活取什么样的态度。

杰与菲两人本是大学同学，热恋了四年才迈入婚姻殿堂的。但婚后

第十章

你不能不明白：这个人是不是你的最爱

两人的感情却渐渐降温，现在更是接近冰点，有时两人一天也说不上几句话，杰甚至开始怀疑是否真的与菲相爱过。有一天，杰去书店买书，突然看到一本关于婚姻生活的书，他这才知道婚姻是需要保鲜的，而过去自己在这方面做的实在少得可怜。回到家时，妻子正在厨房炒菜，望着妻子的背影，他突然走过去从背后抱住了她，妻子僵了一下轻轻挣开他，晚饭时妻子的眼里多了一抹好奇。有一天，杰加班很晚才到家，妻子黑着脸坐在沙发上等他，看到妻子要发火，杰居然脱口就说了一句"我爱你"！妻子愣了半天，突然哭了，然后感叹地说："好久都没有听到你这么说了！"从那以后，两人的关系有了很大改善，家里的欢声笑语又多了起来。杰很高兴，他决定再接再厉，让两人重回旧日的甜蜜。情人节的那一天，杰故意早早出门，装出一副忘了情人节的样子。中午他让花店送去了一大束红玫瑰，并附上了"爱你到永远"的字条，自己则守在妻子公司的门口，没一会儿手机就响了："花是你送的吧？同事们都羡慕死我了！不过你坏死了，早上还装成什么都不知道的样子！""呵呵，这才叫惊喜呢！嗯，就让你同事更羡慕你一下吧，马上跟你们领导请假，我要带你去吃大餐，我在你们公司门口呢！"妻子一听高兴得对着电话大叫了一声"我爱你"！挂断电话，杰知道自己成功了！

　　婚姻放太久了也会变质的，所以我们必须时不时的给婚姻保鲜，比如像故事中的杰那样，给妻子制造一些浪漫的惊喜，保证让婚姻立刻鲜活起来，生活中的一些夫妻，也很懂得从平实的生活中寻找情趣。比如，有的夫妻，在周末抛开一切家务，一家人到郊外踏青，身心俱爽。有的夫妻在感觉需要调节情绪时，干脆分开居住一段时间，重新感受一下一个人的生活。有的夫妻在节假日里，或将孩子安顿在娘家，或把孩子放在亲朋好友家，两人外出旅游数日，共同享受一下闲暇和轻松。这些方式，只要对于调剂单调的生活有益处，都是不应非议的。只是像分开居住、外出旅游等，由于限于条件，只能是偶尔为之。

为了使婚姻增添情趣，就要在共同的生活中去做一个有心人。

做有心人，就是要在平淡的日子里，善于发现对方的心理需求，在恰当的时候制造出一种气氛，一份惊喜，一些安慰。比如，丈夫忙完工作忙家里，早就不提过生日的事，或者根本就把这事给忘了。可有一天当他回到家里，见妻子准备了生日蛋糕，幽幽的烛光照得屋子里一片温馨，他的心里该是多么感激和温暖啊！再比如，"三八"节到了，丈夫买一束鲜花送给妻子，妻子获得这意外的礼物，同样会心生暖意。

但生活中，有的人完全把自己局限于具体的生活事务中，有意无意地挤掉了可以生存和发展的一些情调。妻子的生日到了，丈夫兴冲冲地买了一束鲜花献上，可妻子却怪丈夫买花太贵，责怪丈夫为什么不用买花的钱去买一些肉食蔬菜。一句责怪的话，就可能浇灭丈夫的热情，浇灭本该有的一点浪漫。像这类事情虽不大，可如果接二连三地出现的话，丈夫哪还有兴致再去搞这种制造情趣的"游戏"呢？

我们不能总是消极地过着婚姻生活，这样我们只会感到单调烦躁，而是应该以积极的姿态去面对生活，挖掘生活的乐趣，这样才能使婚姻更幸福，让日子常过常新。

4. 不要试图考验爱情

不能不明白的道理：

一只铁花瓶和一只陶花瓶并排摆在窗台上。一段时间后，它们相爱了，但铁花瓶始终对陶花瓶是否爱自己表示怀疑。它忍不住开口问道：

第十章

你不能不明白：这个人是不是你的最爱

"你真的爱我吗？""真的，我爱你爱到可以为你牺牲一切！""真的？如果你真爱我，那就跳下去证明你的真心。"陶花瓶悲伤地看着铁花瓶："好的，我会证明给你看，但请记住我是真的爱你！"它纵身一跳，"啪"的一声摔在地上，铁花瓶终于知道陶花瓶是真的爱自己，可它的爱人再也不会回来了。

人们对爱情常常怀有恐惧，总担心自己遇到的不是真爱，于是想尽了办法考验对方，希望证明自己是对方的最爱，但这并不是一个好习惯，有时候它甚至会断送你一生的幸福。

楠和枫是一对恋人，枫常对楠说："看我们的名字，就知道我们是注定要在一起的！我会永远爱你！"楠很幸福地拥抱着枫，觉得自己是世界上最幸福的女人。但在内心里楠对枫很不放心，枫高大帅气，最主要的是工作使他常会接触到一些年轻女孩，楠担心自己会失去枫。一天，楠的远房表妹来找她，说自己分到了未来姐夫的厂里，楠觉得这是一个考验枫是否忠贞的好机会。于是她就请求表妹装作不认识她，然后主动追求枫，看他是否动心，表妹答应了她的请求。一段时间后，表妹跑来找楠，告诉她枫真的很可靠，自己百般追求，都被他严辞拒绝了，楠终于松了口气，正当二人说笑时，门突然被推开了，一脸愤怒的枫就站在门外。枫宣布和楠分手，楠哭得死去活来，她知道自己有点过分，可这都是因为爱他啊！枫则恨恨地告诉朋友：楠根本没有资格这么做，她的做法让自己受到了侮辱，自己永远也不可能再原谅她！

一对爱侣竟然因为一场试炼爱情的游戏而分手，我们能说枫太过于小肚鸡肠吗？不！无论是谁遇到这种情况都会非常愤怒的。楠的做法可以理解，却无法让人原谅，她不信任爱人也轻视了爱情。要记住我们没有任何资格试炼爱情,只能真诚地守护它,不相信爱情的人,注定会伤害到自己。

女人都希望自己在爱人心目中的地位是独一无二的,所以她们常常喜欢比较。比如说有一个问题,可能大多数女人都问过:"如果我和你母亲一同落水,你先救谁?"

陈丽也问过他这个问题,其实从前也不是没有考虑过,只是,一样的最爱……他大窘,左手搓着右手:"我不知道。"这个问题,大概是所有恋爱中的男人都必须回答的关口吧,可是,他却没能过去。

"哄一哄我也好嘛!"陈丽跺脚,几近落泪。

最后还是和他结了婚,心中却有阴影。

婚后第一个春节,依风俗,她应该去婆婆家过年,因为,她是他们家的人了。

婆婆家在山西农村。客车在愉快地奔驰,过年了,都是从四面八方往家赶,一车的欢声笑语。

轰然一声,客车冲进了大河。冰冷的水从各个缝隙里挤压进来。只一瞬间,一车的昏暗,一车的哭喊,一车的绝望。

里面是慌作一团的人,外面是漆黑无边的水,躲无处躲,藏无处藏。她吓呆了。

他是冷静的。他迅速从包里扯出笔记本电脑,砸破车窗,迎着汹涌而入的水,奋力往外一钻,鱼一样窜向水面……

他蹿上去了。关键时刻,他竟然自顾逃命!

又渐次有玻璃砸碎的"哗啦"声,人们争相逃出车外,唯有陈丽不动,她不会水。

车内的水不停上涨,她只是坐在那里流泪,觉得心好痛。

……

醒来,已在岸上,在他怀里。陈丽惊讶、恐惧,一场生死,已然恍

若隔世。他满含歉意："对不起，吓着你了。我必须先弄明白沉车位置和水深。上来的时候，你挣扎得好凶。"

"我一直记得还欠你一个问题，现在回答你：如果你落水了，我会来救你，说不出先救谁，但你一定会先我而上岸，除非……"不等他说完，陈丽拼命捂住他的嘴，她已经恨死了自己的这张乌鸦嘴，一朝应验，几乎痛悔终生，却也突然明白：在自己与他母亲之间，当初无法做出选择的人，才真正可以放心一嫁。

不要总试图和他重要的亲人比较，不要总怀疑他的真心，不要以世人皆难的问题来考验疼爱你的人，因为它会深深地刺痛爱人的心。试想一下，如果没有经历那次车祸，陈丽是不是就要因为爱人没有通过考验而遗憾、猜疑一辈子呢！生活中并不是每个男人都有机会证明自己的真心的，如果因为一个荒唐的考验，就对爱人心生芥蒂，那么这实在是一件令人遗憾的事。

爱情的基础就是信任，互怀猜疑的爱情永远不可能长久，不要考验爱情，是不是真爱你只能用心感受。

5. 在夫妻间架起沟通的"鹊桥"

不能不明白的道理：

一只水鸟爱上了河边的一朵小花，它每天都停驻在小花的旁边，目不转睛地看着它，看起来这只水鸟完全被小花迷住了。水鸟的两个朋友在旁边议论这件事，其中一个说："天啊！它似乎准备一辈子留在这朵瘦不拉叽的小花身边了。"另一个冷冷地说："一辈子？用不了几天就会分开的，它们两个又不能沟通，怎么可能永远在一起？"几天后，河边的水鸟果然飞走了。

很多情侣、夫妻都存在着沟通不良的问题，有的人因此摸不准两人是否相爱，还有人甚至因此而产生误解、矛盾，导致一场爱情悲剧。

你可能也听说过这样一个故事：有一对结婚五十年的老夫妻，在大饭店举办了他们的"金婚"纪念日。

当服务生将一盘热气腾腾的红烧鲤鱼放到桌上时，老先生迫不及待地将鱼头及鱼尾巴夹下来放在小碟子上，双手端给老太太说："这给你吃。"

没想到老太太竟然"哇、哇"地大声哭了起来，旁边的人十分惊讶。老太太说："我嫁给你五十年，跟着你任劳任怨才有今天的好日子，我从来没有抱怨计较过，没有想到，在今天这样的场合，你竟然还是这样没良心，让我吃鱼头、鱼尾巴，你知道吗？我最不喜欢吃鱼头、鱼尾巴，却吃了五十年。"老先生听了不禁感慨道："五十年前，当你不顾家人反对嫁给我这个穷小子的时候，我就对天发誓，这一辈子我一定要好好待你，想办法赚钱让你过好日子，以报答你对我的情。一条鱼，我最喜欢吃的就是鱼头、鱼尾巴，自从结婚后，我就从来没有吃过它，因为我曾经承诺过，要把生命中最珍贵的东西都献给你。"

在这里讲这个故事，并不是要赞扬这对老夫妻对彼此的深情，而是要给大家一个警示：一对结婚五十年，恩爱逾恒的老夫妻，尚且未能很好地沟通，那么，终日各自忙碌奔波的小夫妻沟通情况会怎么样，也就可想而知了，生活中，很多夫妻都是"有话在心口难开"的，如果有的爱侣因此而闹别扭，那就一点也不奇怪了。

第十章

你不能不明白：这个人是不是你的最爱

李崇和小柳结婚两年多了，结婚以后两人各忙各的，很少有空闲的时候，而且两人的话似乎都少了很多，恋爱时牵着手能说上一天，电话里也是聊个没完没了。而现在两人似乎都没有了聊天的兴致，有时一天也说不上一句话。这天小柳回娘家，李崇下班回来发现钥匙弄丢了，进不了门。他费尽周折，最后才在邻居那里"借"来一个特别瘦小的孩子，让孩子从防盗窗的空隙钻进去，打开房门。

李崇知道小抽屉里还有一把备用的钥匙，他拉开小抽屉，可钥匙却不见了，等妻子回来，李崇就问："小柳，小抽屉里的钥匙呢？"小柳不高兴地说："我把钥匙给我父亲了。怎么，这你也要管？怕我父亲开门来偷东西？你放心吧，我父亲不是贼。"李崇本来想告诉妻子，说自己今天丢失了钥匙，可听到妻子一开口火气就这么大，他就懒得说了。

小柳的嘴却不懒，她爱说话。小柳把李崇追问钥匙的事告诉了母亲。小柳的母亲赶紧对丈夫说："老头子，你快点把钥匙还给李崇，万一他家里丢了什么东西，你跳进黄河也洗不清。"小柳的父亲生气地说："我要他的钥匙是为了送菜给他的时候方便进门，谁偷他的东西啦？"老人种有几亩田，常常送蔬菜给女婿。

小柳的父亲终于把钥匙还给了李崇。从此以后，他不再送菜给女婿了。小柳的父亲心中愤愤不平，一见到熟人就把他送菜给女婿反而被女婿当作贼的事讲一遍，讲完后，总是叹气说："唉，我真是瞎了眼，把女儿嫁给这么缺德的人。"

不久，小柳父亲的话传到了李崇的耳朵里，他气呼呼地质问岳父："你怎么骂我缺德？"小柳的父亲说："你就是缺德！我当初让小柳嫁给你真是瞎了眼。"李崇说："嫁错可以离婚嘛！"小柳的父亲说："离就离！"

小柳却不想离婚，她拉住李崇的衣袖说："如果你改正，我愿意跟你过一辈子。你快向老爸认个错吧。"李崇说："你们把污水泼在我身上，还要我认错，岂有此理？"小柳生气地说："你不要抵赖了，现在谁不知道你把我父亲当作贼？"李崇说："算了算了，我怕你，我走。"

李崇和小柳为什么离婚呢？好像就是因为一句话，其实却不是这么简单，他们的婚姻存在着很大的问题：沟通不良。其实"钥匙事件"本来是一个几句话就能解释清楚的小误会，但他们却不愿意沟通，反而选择斗气，结果断送了他们的婚姻。

有些夫妻认为，婚都结了，也就没有必要再去讨好对方，两个人整天在一起，有什么好说的，还有些人甚至觉得，夫妻间的吵闹也是一种沟通的方式，有什么事情吵出来，气出了，大家也就释怀了。事实上这两种想法都是错误的，其实夫妻可聊的话题有很多，比如工作、家庭、孩子……一对长时间没做有效沟通的夫妻，感情上必然会出现隔阂。另外吵架也不能代替沟通，不错，吵架时彼此确实都说出了自己的想法，然而在情绪激动的时候，人们常会说出一些并非本意的、过激的话，很多夫妻都是因为经常吵架而离婚的。如果在平时我们就经常沟通，那么就可以避免累积过多的矛盾，如果一对夫妻习惯在日常生活中深入沟通，那么即使是在盛怒之中，他们也能保持理智。

夫妻间的相处真的很不容易，有时候说者无心，听者有意；有时候动者无心，受者多情，这都是因为不了解对方的真实想法造成的，所以只有加强沟通才能避免婚姻悲剧。

第十章 你不能不明白：这个人是不是你的最爱

6. 不能拿"不爱"当借口

不能不明白的道理：

爱情的欢乐虽然甜美无比，但只有在光荣与美德存在的地方才能生存。

——［法国］古尔内尔

那种用美好的感情和思想使我们升华并赋予我们力量的爱情，才能算是高尚的热情；而使我们自私自利、胆小怯弱，使我们流于盲目本能的下流行为的爱情，应该算是一种邪恶的热情。

选择了一份感情，就应该好好珍惜，要像士兵守卫自己的阵地一样，绝不轻易放弃。

丁丁和涛是在上大学时开始恋爱的。涛学习很好，而且颇有才气，常往报刊投稿什么的，但长相却很一般，而丁丁却是男生眼中的系花，当两人宣布在一起时，所有人都为丁丁的眼光叹息，家里人也表示反对，可丁丁却铁了心要跟着涛，不顾家人反对，毕业后就和涛结了婚。

涛很感动，发誓要一辈子爱护丁丁。丁丁是一个思想方面很传统的女人，她一直认为这个世界是男人的世界，女人只不过是点缀。如果有一天涛能出人头地，自己也能跟他沾光，中国人不是讲究"夫贵妻荣"嘛。结婚后丁丁放弃了自己的爱好，一心支持涛的工作。涛在研究所搞研究，有时没有上下班的概念，不管他什么时候回来，丁丁都是热菜热饭地等着他回来一起吃。涛很少干家务，真是衣来伸手，饭来张口，家里没让他操一点心。开始，涛还有些过意不去，总说，跟了他这样一个穷书生，委屈了丁丁。可后来渐渐两人话少了许多。在单位有些话丁丁不能说，回来想和涛说说，涛却沉着脸："你永远就是你那点事儿，每天回来没别的，不是说这个，就是说那个。"丁丁心里很委屈，想不和涛说又能和谁说。

有时天不好，涛出门时丁丁叫他多穿点儿，他不耐烦地说："真啰嗦。"丁丁越来越感觉到他们才一起生活了两年，涛已感到厌倦了，对自己也是越来越冷淡。突然有一天涛提出了分手。起因是涛谈到所里的事时告诉丁丁说，所长有心要提拔他，可就是因为他到所里时间太短。

丁丁一听马上给涛出主意："你还不赶紧给所长送点儿礼，要不我和你一起去。"涛一听便恼怒地说："这不太俗气了！这几年你在单位待得越来越世俗，我不去。"

"我还不都是为了你！为了你，我把自己的事业都牺牲了；为了你，我没有要孩子。现在倒好，你嫌弃我，说我俗气，你也不想想我为了谁。"

涛平静地说："你没有必要开口闭口说如何如何为我牺牲了，你想想看，从你第一天工作起，你就没拿工作当回事儿。我也承认，你为这个家受了不少的累，可你成天挂在嘴边，都让我心里形成了负担。上学时的你已经不存在了。你成天和你单位那几个无事生非的女人搅在一起，你想想，自结婚以来，你还读书看报吗？"

丁丁急了："我是不读书不看报了，我的工作就是收发文件，我也没必要、也没那个时间看，整天忙家务，把你伺候得好好的，现在你嫌弃我了，我哪点对不起你？"

涛说："你不必生气，你仔细想想，每天我们在一起时，共同的话题有多少，你要说的就是如何让我快点往上爬，害得我心里都产生了压力，除此之外，你还有什么？我仔细权衡了，趁着咱们都年轻，还是分手的好，也别耽误了你的前程。再强求也没有用，我已经不爱你了！"

第十章

你不能不明白：这个人是不是你的最爱

丁丁简直不敢相信，这个当初发誓要爱她一辈子的男人，短短两年后，就不再爱她了，就要和她离婚了！

人其实是一种很懒又很狡猾的动物，当有什么事情自己懒得去做时，就会随便找个借口推掉。在爱情中、婚姻中很多人也是这样，他们平时不愿意花心思维护彼此的感情，一旦出了问题，就以"不爱"为借口放弃自己的爱人、放弃感情。比如故事中的丈夫，他一直对妻子的错误看得很清楚，但却没有花一点时间与她谈一谈，帮助她成为一个好妻子，而是放任她越走越远，等婚姻变成了食之无味的鸡肋，再以一句"不爱"结束了彼此的婚姻。这样的做法真的很不可取，破裂的婚姻是一把双刃剑，不只会伤到对方，也会伤害你自己。

还有一对夫妻，婚前丈夫觉得妻子简直就像"圣女"一样，冰清玉洁，高不可攀。他卯足了劲追求她：鲜花，情书，日日不断；追随接送，风雨无阻，花了一年零四个月终于打动了女孩的芳心，并在一年后心满意足地将她娶过门。但结婚以后，他发现妻子和别的女人没什么两样：在菜市场里和人争争讲讲，穿着睡衣下楼丢垃圾……于是他渐渐厌倦了妻子，终于有一天，他告诉妻子说："我不爱你了，我们离婚吧！"

谈恋爱时，爱得死去活来，爱得如痴如醉，一日不见如隔三秋，刚刚见完面，就马上开始计算下次约会的时间，对她海誓山盟，似乎还不足以表达自己的感情；但等到真正在一起后，就不再珍惜对方，动辄以"不爱"结束感情，这样做公平吗？

经过千辛万苦的追求，一旦拥有了自己所爱的人，谁都会为之欣喜。但热情过后，又该如何对待呢？让婚姻幸福的因素有很多，但最基本的就是要懂得尊重配偶，尊重婚姻，尊重自己的选择。

7. 是爱情还是友情

不能不明白的道理：

爱情是一片炽热狂迷的痴心，一团无法扑灭的烈火，一种永不满足的欲望，一分如糖似蜜的喜悦，一阵如痴如醉的疯狂，一种没有安宁的劳苦和没有劳苦的安宁。

——［英国］理查德·弗尼维尔

人们一直在讨论一个问题："男女之间是否有真正的友谊？"可见友情与爱情有时真的很难分清楚，很多人都错把友情当爱情，结果破坏了彼此的友好关系。

人的感情世界十分丰富：亲情、爱情、友情、乡情……其中最复杂的就是异性间的友情，这种感情迷迷蒙蒙，若即若离，很容易便会让人产生感知上的错误。这种爱怜之情，其实是友情的一种升华，并非真正的爱情，如果异性朋友能够分清友情与爱情，那么他们就不会给自己惹来不必要的麻烦了。

爱情和友情是最容易让人混为一谈的了，因为它们都含有爱的成分，它们都包含着信任、理解、真诚的丰富内涵。但爱情和友谊也有很多不同，比如说它们虽然都源于彼此的好感和敬慕，但友谊多是对友人的志趣、爱好、人品的敬重，而爱情更多的是对异性的音容笑貌的倾慕，如果有一天，你突然间发现你对某个异性朋友的长相、服饰、神色甚至动作，以及他（她）所交往的人产生了极大的兴趣，这时你就该冷静地想一想，你对她（他）的情感到底是友情还是爱情。

另外，还有一点可以很好地帮你鉴别友情与爱情。友情不具有排他性，你既可以是甲的朋友，也可以是乙的朋友。而爱情则不同，它是情爱与性爱的结合，具有相互间渴望成为终身伴侣的强烈情感，爱情具有排他性。因此，真诚的友情是向一切知己奉献，纯洁的爱情只能向一人奉献。换句话说就是，如果看到你对他（她）和其他异性的亲密往来毫不介意，没有酸溜溜的感觉，那你对对方就是单纯的友情，反之，可能就是爱情。

与异性交往可以消除对异性的神秘感，有助于你找到真正的爱情。不过千万不要以为某个朋友对自己比别人亲切些，彼此合得来些，就误认为他（她）爱上了自己，从友情到爱情还有相当长的距离，误把友情当爱情既害人又害己。

8. 如果爱人背叛了你

不能不明白的道理：

真正的爱情是专一的，爱情的领域非常狭小，它狭小到只能容下两个人生存；如果同时爱上几个人，那便不能称作爱情，它只能是感情上的游戏。

——［德国］席勒

据调查，有63%的女人和80%的男人认为，外遇是个人行为，只要两厢情愿，就无须限制它的存在。也就是说大多数男人和女人，也可能包括你在内，都认为外遇不是什么大不了的事情，可你想过没有，如果有一天你的爱人背叛了你，你该怎么办？

首先是要保持理智，如果你还爱他，就给他一次机会吧！

婚后两年的一天，冬冬从上海匆匆回家已经是晚上十一点多了，门从里面扣住了。用力敲，没声音，再大声叫，好久丈夫才伸出了脑袋，一副刚睡醒的样子。

冬冬一声不吭地在屋子里转了一圈，突然，她猛地拉开了大衣橱，只见一个衣着凌乱的姑娘，惊慌失措地缩在那里。

"穿好衣服，到客厅来。"冬冬很平静地说。

丈夫跟着冬冬来到客厅，刚想开口，冬冬就截住他："你不用解释，有你说话的时候，请你先回避一下。"冬冬用犀利的目光看着站在面前的姑娘："你把纽扣系错了。"

姑娘低头看看自己的衣服，果然把第二只纽扣扣到了第三个位置上了。她的脸更红了。

冬冬接着问："你叫什么名字？今年多大？"她好像在聊家常。

姑娘遇到一股逼迫力，乖得像面对老师提问一样做了回答。

"你知道你这样的行为是错的吗？当然了，这不能全怪你。但在你这样的年纪，要经得起诱惑啊！你要学会找到属于自己的爱，一个全心全意爱你的男人……"

半个小时的谈话都是在细声细气中进行的，这是一场心灵与心灵的交战，它没有白热化的场面，然而却有令人为之撼动的力量。

"大姐，我错了，我以后一定听你的。"此时姑娘已热泪盈眶了。

冬冬把姑娘送出了门，还为她理了理凌乱的头发。

事后，冬冬原谅了丈夫。她不是妥协，而是经过一番理智的衡量后的决定。冬冬认为，自己还爱丈夫，丈夫也还爱她，他们的婚姻还没有到非分手不可的地步。

如果你发现丈夫偷情，是生气、发怒，还是离婚？其实这些都不是解决问题的好办法。事情已经发生了，再生气也没有用，最重要的是要

第十章
你不能不明白：这个人是不是你的最爱

冷静下来面对现实。你们已经结婚数载，丈夫的偷情可能只是一时冲动，如果他确实有悔过诚意的话，那么还是原谅他这一回吧！下不为例！

某地有一位老先生和妻子相爱四十载，恩爱逾恒，令人羡慕不已，但其实他们也并不是一路顺畅地走过来的。年轻时，老先生去外地搞调研，结果和一个女的产生了感情。后来这件事情被妻子知道了，她哭了一夜，然后提出离婚。他吓坏了，苦苦哀求妻子原谅自己，他爱她啊！妻子想了好久，她觉得两人从相知到相爱，最后走到一起实在很不容易，如果因为这件事分手，两人一定都会遗憾终生的。于是她大度地原谅了他，两人又恢复了昔日的甜蜜。从此以后先生的事业越做越大，妻子变得越来越老，但这位先生再也没有背叛过他的妻子。

有时候，给对方一次机会，也是在给自己一次机会。人非圣贤，孰能无过？如果还爱他，就放他一马吧！相信他一定会用更多更忠诚的爱来回报你。

其次，如果已经原谅了他，那就千万别再翻旧账。

鲁云和吴东结婚十年了。他们结婚是靠借债操办的。两人都在工厂工作，工资不高，婚后还要还债，日子过得十分拮据。他们曾有过一连一个半月吃炸酱面而且酱里还不能多放肉的时候。一台12英寸的黑白电视机，是朋友送的，成了他们劳累一天后唯一的享受。日子虽然过得艰辛，但两人的感情很好，鲁云没有埋怨丈夫不能像别人的丈夫那样去挣大钱。吴东却有些内疚了，经向鲁云再三请求，他辞职下海了。但一来二去，不仅没有挣多少钱，反而莫名其妙地卷入了一起诈骗案而被判入狱两年。吴东人财两空。

鲁云深知丈夫，卷入诈骗案只是他初涉商海被人蒙骗。她没有嫌弃丈夫，而且下了决心，辞职摆起衣摊。两年过去了，凭着她的肯吃苦和精明，竟然赚了一笔钱。丈夫出狱后，对鲁云十分感激，便与妻子一起做买卖。有了上次的教训，他越干越入门儿。又是几年过去，他的生意已做得很大，钱也越挣越多。于是他们购置了楼房和汽车。

　　生意做大了，各种交际应酬也越来越多。渐渐地，鲁云发现丈夫在外过夜的时候也越来越多。同时，也听到了丈夫在外有了外遇的传闻。她不愿意相信丈夫会这样做，于是开始偷偷地跟踪丈夫，终于有一次被她发现吴东和一个女子亲热地走进一家酒店。回家后，鲁云和丈夫摊了牌，提出离婚。吴东激烈地反对，这个家是两人经过多少磨难才共同建立的，他深爱妻子，从没想过婚姻会毁于自己之手。一连几天吴东恳求鲁云原谅自己，亲戚朋友们也都来说情，鲁云终于妥协了。松了一口气的同时，吴东也发誓一定要痛改前非，好好对待妻子。然而一切却并不像他想象的那么顺利。这件事以后，鲁云像变了个人一样，总对他疑神疑鬼，打探他的行踪，而且鲁云还常常用过去的事冷言冷语地讽刺他，两人一旦有什么摩擦，鲁云就把那件事翻出来，跟他大吵，渐渐地，鲁云翻旧账的行为磨去了吴东原有的愧疚之心，他觉得妻子越来越让人生厌了。一年后，两人离婚了，这一次是吴东提出的。

　　鲁云和吴东曾共同经历了艰苦的日子，可以说两人的感情基础还是比较深厚的。因此当吴东的外遇行为被揭破时，吴东才会苦苦哀求不愿离婚，鲁云才会舍不得离开而原谅了丈夫，如果此后鲁云能放下过往的话，两人一定会成为一对恩爱夫妻，但她却总对过去的事耿耿于怀，一再翻旧账，她这样做或许是想提醒丈夫别再重蹈覆辙了，然而没想到却起了反效——她把丈夫从身边推开了。其实有些不愉快的事，我们就该把它彻底忘掉，何必再让它留个"小尾巴"，扰乱我们美好的生活呢！

　　如果爱人背叛了你，请千万不要在最生气的时候做出决定，那样做你一定会后悔的，夫妻是百年的缘分，如果有可能，还是尽量维护婚姻的完整吧！

第十章
你不能不明白：这个人是不是你的最爱

9. 如果你还爱着她

不能不明白的道理：

　　一只松鼠有空时总是把玩着一个坚果，日子久了，它有点腻了，就在一棵树边把它丢掉了。可从那以后，它总是觉得若有所失，它变得精神恍惚，再也快乐不起来，明明枝头有那么多饱满的坚果，它却总觉得自己丢失的那颗才是最大最美的，于是有一天它下决心把坚果找回来，它细心地搜索着，不放过一棵树，三天后它终于看见了它，那一刻松鼠开心的跳了起来，松鼠又恢复了往日的快乐，小动物们经常看见它叼着那枚坚果在枝头跑来跑去。

　　人们常常说：好马不吃回头草。说这种话的人考虑的可能是面子问题、志气问题，因此女友回心转意了，你虽然也还爱着她，却碍于面子不肯再接受她，结果落得个两地相思，这就是死要面子的结果。

　　枫和丽在大学就是恋人。丽不仅身材好，而且风雅别致，富于幻想。枫是班长，文采极佳。他们经过了一段浪漫的交往之后，毕业时双双南下，各自找到了适于自己施展才能的单位。一年后他们通过分期付款的形式买了一套住房。也就是在这时，家庭的小舟不知是哪儿出现了毛病，竟不再向前行驶。他们冷战，然后离婚。当两人打车去办理处的时候，心里都很难受，但事情已经闹到这个地步了，两人还是签了字。

　　离婚后，枫没结婚，丽也没有找朋友，尽管他们都还很年轻。有一次丽的妈妈发现女儿躲在房间里哭，就叹了一口气："真是冤家呀！你还挂念着他吧！干脆，我牺牲自己的老脸，去帮你说说？"没想到丽却说什么也不肯："哪有女方主动的呀！"枫的日子也不好过，他总会想起丽来，一个人躲在家里喝闷酒。一个朋友打趣说："枫！你不是打算和丽复合吧？好马可是不吃回头草的呀！"被说中了心事的枫微怒起来："谁说我要回头的？下辈子也别想！"这句话不知怎么就传到了丽的耳朵里，半年后，丽结婚了，那一天，枫跑到海边大哭了一场。

"好马不吃回头草！"这句话不知使多少人丧失了得回真爱的机会。绝大多数人在面临该不该回头时，往往意气用事，明知"回头草"又鲜又嫩，却怎么也不肯回头去吃，自以为这样才是有"志气"。其实，在面临回不回头的关卡时，你要考虑的不是面子问题和志气问题，而是现实问题。如果你还爱她，如果你还留恋那把"草"，为什么不"回头"去试试呢？

当然，吃"回头草"时，你还会碰到周围人对你的议论，让你"消化不良"！但只要你自己愿意去吃，利大于弊就可以了！何况时间一久，别人也会忘记你是一匹吃回头草的马，当你过得幸福时，别人还会佩服你：果然有勇气！

还有一个人，年轻时经人介绍认识了一位女友并且一见钟情坠入爱河。谁知他这位女友这山望着那山高，不久又结识了一位高干子弟，由于对方甜言蜜语很会讨好女人，再加上学识家境均超过她过去的男友，于是，她便向这位朋友提出分手。这位朋友正沉醉在爱情的甜蜜与幸福之中，听到这一消息后顿觉如五雷轰顶，陷入失恋的痛苦之中。在很长一段时间里，他异常苦闷，彻夜失眠。为了使自己尽快从痛苦中解脱出来，这位朋友把全部精力倾注在事业上，功夫不负有心人，不久他即小有成就。正这时，他以前那位女友突然又找到他，痛哭流涕地要求恢复关系。原来，在她与男友分手后，与那位高干子弟相处了一段时间，很快发现此人金玉其外，是位品行不端的花花公子，于是断然与他断绝了往来。想起与过去的男友相处的那些幸福甜蜜时光，这位女人追悔莫

第十章
你不能不明白：这个人是不是你的最爱

及。经再三考虑之后，她决定向旧友说明一切，并恳求对方的谅解。当时，这位朋友颇感犹豫。正所谓旧情难舍，但考虑到周围人的闲言碎语，该不该吃"回头草"令人颇感踟蹰。

有不少人也劝他快刀斩乱麻与原女友彻底断绝往来，"好马不吃回头草"！天下有的是靓女子，三条腿的蛤蟆不好找，两条腿的活人有的是，"天涯何处无芳草"，大丈夫又何患无人可娶呢！这位朋友是位讲义气重感情的人，他想起过去自己与女友相处的那段时光，女友身上的诸多优点，女友在自己面前流下的悔过眼泪……最后，他毅然决定与女友重续旧缘。后来，两人终于喜结连理，婚后家庭美满幸福，这位朋友得了位贤内助，事业有成，令人羡慕。

如果你还爱她，就不要理会所谓的"面子"，不要理会别人的议论和想法，因为幸福是自己的。真正的"好马"也不会在意是不是"回头草"，如果那处的"草"确实鲜嫩，那么不"回头"才是一种遗憾呢！